数字媒体应用型系列教材

二维动画项目制作
Toon Boom Studio 技能应用

主　　编◎邓　坤　庞玉生　曹永莉
副 主 编◎赵　楠　陈娅冰　张国庆
　　　　　马玉丹　白佳鹰
总 主 编◎孔宪思
执行主编◎庞玉生

中国书籍出版社
China Book Press

图书在版编目（CIP）数据

二维动画项目制作 Toon Boom Studio 技能应用 / 邓坤, 庞玉生, 曹永莉主编. -- 北京：中国书籍出版社, 2017.8

ISBN 978-7-5068-6365-0

Ⅰ. ①二… Ⅱ. ①邓… ②庞… ③曹… Ⅲ. ①二维-动画制作软件 Ⅳ. ①TP391.414

中国版本图书馆 CIP 数据核字(2017)第 193132 号

二维动画项目制作 Toon Boom Studio 技能应用

邓坤　庞玉生　曹永莉　主编

责任编辑	丁　洁
责任印制	孙马飞　马　芝
封面设计	应敏珠　杨　怡
出版发行	中国书籍出版社
地　　址	北京市丰台区三路居路 97 号（邮编：100073）
电　　话	（010）52257143（总编室）　　（010）52257153（发行部）
电子邮箱	eo@chinabp.com.cn
经　　销	全国新华书店
印　　刷	青岛鑫源印刷有限公司
开　　本	787 mm × 1092 mm　1 / 16
字　　数	198 千字
印　　张	10.75
版　　次	2017 年 8 月第 1 版　　2017 年 8 月第 1 次印刷
书　　号	ISBN 978-7-5068-6365-0
定　　价	33.00 元

版权所有　翻印必究

数字媒体应用型系列教材编委会

总 策 划：殷庆威
编委会主任：孙百刚　刘毓琮
编　　委：（按姓氏笔画排序）
　　　　　　　刁洪斌　于德水　王　辉　付　萍　安　波　刘晓飞
　　　　　　　乔　璐　李爱香　李占军　李世林　张继军　张　杨
　　　　　　　孙宝妮　孙磊岩　岳腾达　周庆华　姜　辉　高　玮
　　　　　　　贾永壮　曹以海　崔西展
总 主 编：孔宪思
执行主编：庞玉生
参编人员：（按姓氏笔画排序）
　　　　　　　马草原　马玉丹　万君芳　邓　坤　王富彬　王　洋
　　　　　　　王观龙　白佳鹰　由衷庆　迟晓君　刘　俊　刘慧敏
　　　　　　　刘　静　向　曼　李超鹏　李　璐　苏　娜　应敏珠
　　　　　　　吴瑞臻　张国庆　张　弘　张莉莉　张佳婵　张　婷
　　　　　　　陈娅冰　陈子妹　宋新玲　庞玉生　杨德超　杨盛芳
　　　　　　　邹永涛　武　莹　周洪涛　周　珣　周　岩　侯　琳
　　　　　　　赵　楠　高　娟　高立伟　高　杨　莫新平　姜　鑫
　　　　　　　钱　悦　桑小昆　徐滋程　曹永莉　宿子顺
参编院校：（排名不分先后）
青岛创业大学　青岛职业技术学院　青岛市技师学院　潍坊工程职业学院
青岛黄海学院　黄岛区高级职业技术学校　胶州市职业教育中心
青岛滨海学院　青岛电子学校　山东电子职业技术学院　临沂职业学院
山东外贸职业学院　烟台工程职业技术学院　青岛求实职业技术学院
山东师范大学历山学院　北大方正软件技术学院　三明学院　上海商学院
青岛酒店管理职业技术学院
参编企业：青岛五千年文化传播有限公司
　　　　　　　青岛锦绣长安文化传播有限公司　青岛漫视传媒有限公司
　　　　　　　青岛领客文化传播有限公司　完美动力
　　　　　　　青岛天诚联合创意文化集团

前言
preface

近年来，国家相继出台和实施了一系列扶持、促进文化及动漫产业发展的政策措施，中国文化与动漫行业的发展呈现出越来越喜人的局面。文化与动漫产业的发展，都离不开数字媒体技术的支持。然而，数字媒体课程教育模式和企业需求人才教育问题也日渐凸显，为探索这一系列问题，由行业协会组织的文化传媒企业和动漫企业专家及全国部分应用型院校共同研发了《数字媒体应用型人才培养方案》，并在此基础上进行了数字媒体应用型系列教材的合作编撰。

该系列教材根据应用教育的实际需要，以企业所需人才为导向，着眼于培养学生的动手能力，通过企业的实例项目，加强技能训练，积极探索应用型院校"现代学徒制下的项目教学"人才培养新模式。

目前，加拿大Toon Boom Animation公司开发的Toon Boom Studio，是一款非常专业的二维影视动画生产制作软件。我国很多文化传媒企业和动漫企业都将其作为影视动画或广告制作的专业生产工具，很多院校和培训机构也都将Toon Boom Studio作为一门重要的专业课程来满足企业对人才在基本技能方面的需求。

本书以Toon Boom Studio的主要功能为线索，以"遵循学习规律、强调实践实效、突出创意特色、发展创意文化"为指导思想，以项目案例工作过程为导向，结合理论知识、实践技能操作和职业素养为一体完成编写。本书结合软件项目实训步骤与知识点，在内容上，力求做到简明、实用；在编排上，采用了循序渐进的方式，由简到难，按照认知规律，把大项目分解成为若干个子项目，并把基础知识穿插于若干个子项目中，让读者在完成子项目的过程中学习知识和技能,最终实现理论与实践的完美融合。本书项目实训步骤详实、语言简洁,并以图片和图标的形式对文字进行辅助说明,图文并茂,增强了可读性和直观性。

为使读者具备实战能力,根据项目中所讲述的知识点,有针对性地设计了若干项目拓展内容,帮助读者更好地掌握前面已学过的内容。

本书是由文化创意企业一线技术人员和多年在应用型院校从事本课程教学的教师共同编写,编写过程中以大量的企业实际项目资料为案例,以实际制作过程为编写线索,并在多位专家的指导意见和建议下完成。

由于编者水平有限,书中难免存在错误和不足,恳请读者批评指正!

编者

2017 年 5 月

目 录
CONTENTS

第一章 二维数字动画制作软件基础 ⋯⋯⋯⋯⋯⋯⋯⋯⋯⋯⋯⋯⋯⋯⋯⋯ 1
    第一节　Toon Boom Studio 基本功能 ⋯⋯⋯⋯⋯⋯⋯⋯⋯⋯⋯⋯⋯⋯ 1
    第二节　Toon Boom Studio 视窗功能介绍 ⋯⋯⋯⋯⋯⋯⋯⋯⋯⋯⋯⋯ 5
    第三节　菜单栏与工具栏介绍 ⋯⋯⋯⋯⋯⋯⋯⋯⋯⋯⋯⋯⋯⋯⋯⋯ 10
    第四节　常用工具条命令 ⋯⋯⋯⋯⋯⋯⋯⋯⋯⋯⋯⋯⋯⋯⋯⋯⋯⋯ 40

第二章 自然现象的动画制作 ⋯⋯⋯⋯⋯⋯⋯⋯⋯⋯⋯⋯⋯⋯⋯⋯⋯⋯⋯ 47
    第一节　风、雨、闪电动画制作 ⋯⋯⋯⋯⋯⋯⋯⋯⋯⋯⋯⋯⋯⋯⋯ 47
    第二节　水运动形态的动画制作 ⋯⋯⋯⋯⋯⋯⋯⋯⋯⋯⋯⋯⋯⋯⋯ 64
    第三节　火、烟、云、雾的动画制作 ⋯⋯⋯⋯⋯⋯⋯⋯⋯⋯⋯⋯⋯ 70
    第四节　爆炸的动画制作 ⋯⋯⋯⋯⋯⋯⋯⋯⋯⋯⋯⋯⋯⋯⋯⋯⋯⋯ 80

第三章 动物的动画制作 ⋯⋯⋯⋯⋯⋯⋯⋯⋯⋯⋯⋯⋯⋯⋯⋯⋯⋯⋯⋯⋯ 85
    第一节　昆虫、爬行类动画制作 ⋯⋯⋯⋯⋯⋯⋯⋯⋯⋯⋯⋯⋯⋯⋯ 85
    第二节　鸟、禽类动画制作 ⋯⋯⋯⋯⋯⋯⋯⋯⋯⋯⋯⋯⋯⋯⋯⋯⋯ 101
    第三节　爪、蹄类动物的动画制作 ⋯⋯⋯⋯⋯⋯⋯⋯⋯⋯⋯⋯⋯⋯ 113

第四章 卡通形象的设计应用 ⋯⋯⋯⋯⋯⋯⋯⋯⋯⋯⋯⋯⋯⋯⋯⋯⋯⋯⋯ 125
    第一节　动画场景的设计 ⋯⋯⋯⋯⋯⋯⋯⋯⋯⋯⋯⋯⋯⋯⋯⋯⋯⋯ 125
    第二节　动画角色的设计 ⋯⋯⋯⋯⋯⋯⋯⋯⋯⋯⋯⋯⋯⋯⋯⋯⋯⋯ 131

第五章 人物的动画制作 ⋯⋯⋯⋯⋯⋯⋯⋯⋯⋯⋯⋯⋯⋯⋯⋯⋯⋯⋯⋯⋯ 138
    第一节　人物走路动画制作 ⋯⋯⋯⋯⋯⋯⋯⋯⋯⋯⋯⋯⋯⋯⋯⋯⋯ 138
    第二节　人物奔跑动画制作 ⋯⋯⋯⋯⋯⋯⋯⋯⋯⋯⋯⋯⋯⋯⋯⋯⋯ 142

第六章 《阿嬷的话》动画短片的合成制作 ⋯⋯⋯⋯⋯⋯⋯⋯⋯⋯⋯⋯⋯ 146

后记 ⋯⋯⋯⋯⋯⋯⋯⋯⋯⋯⋯⋯⋯⋯⋯⋯⋯⋯⋯⋯⋯⋯⋯⋯⋯⋯⋯⋯⋯ 164

第一章　二维数字动画制作软件基础

　　动画是以绘画为基础，综合文学、设计、音乐、表演、电脑制作（拍摄）等手段的一个特殊艺术片种。通过策划、编剧、设计、电脑制作、合成影片、剪辑、录音等技术加工，组合成一部卡通影视剧作从而成为一门综合性艺术。动画制作大体分为三个阶段：筹备策划阶段、制作阶段、后期合成阶段。无论是传统手绘拍摄的动画制作，还是当今数字动画制作，都遵循这三个阶段，但是，数字动画制作与传统动画制作在制作工艺上有很大的区别。

　　在传统的动画制作里，原画和动画的制作过程就是在动画纸上的绘制过程。原画是由原画师根据剧情和导演的意图，根据设计好的形象画出一张张不同的动作和表情的关键动态画面。动画，即角色的连续性动作，是由原画师画出其中关键性的动态画面后，再由动画师来绘制完成动作的全部中间画的过程。在原画之间加画中间画（即动画），这就是动画的制作技术原理。原画与动画都绘制完成后，把所有画面扫描到电脑上，进行动检整理后直接使用电脑上色，最后电脑合成为动画片。早期的动画制作更为复杂，在动画纸上绘制好原画、动画画稿后，再复制到透明的赛璐珞片上并进行上色，然后使用庞大的摄影机逐一拍摄下来，最后合成动画片。这不仅需要大量的纸张，大量昂贵的赛璐珞片、颜料，更得花费大量的时间、人力和物力。

　　本书讲授的动画片制作，既结合了传统生动鲜活的绘制方法，又结合了数字动画（又称CG动画或无纸动画）的制作方法去绘制原画、动画，进行动检、上色、合成、剪辑、录音，直至最后完成动画影片。

第一节　Toon Boom Studio基本功能

　　如果只懂得动画制作流程，而不懂得如何使用动画制作软件，同样不能生产出数字动画作品来。随着计算机在影视领域的延伸，数字动画的生产制作已完成革命性的改变。选择一款动画制作软件是制作动画片的前提，本书依托 Toon Boom Studio 8.1 程序应用作为教程，详细讲授怎样使用该程序生产制作影视动画片。

加拿大 Toon Boom Animation 公司开发的 Toon Boom Studio（以下简称 TBS），是一款专业性强的二维影视动画生产制作软件，本软件能以更便捷的方式创作动画作品。"库"功能以及运动路径的运用使得生产动画更加得心应手，软件内含一套相当丰富的工具集，能够轻松地创建动画的图案，从内置收藏夹里选择插图为动画赋予丰富的动作设置。Toon Boom Studio 在动画关键帧、资源再利用以及口型同步方面有了重大的改进，能够为动画师们制作更精美的动画。

此外，TBS 为用户提供了一个更为友好的界面，绘图与场景规划整合在一个统一的模式中。随着新版本的升级，TBS 不断融入强大的新功能，有助于充分发挥用户的想象，将更好的动画创意落实到可见的动画效果中。

Toon Boom Studio 的基本功能描述如下。

1. 在动画画面构成中可模拟 3D 场景的模式。如图 1-1、图 1-2、图 1-3、图 1-4。

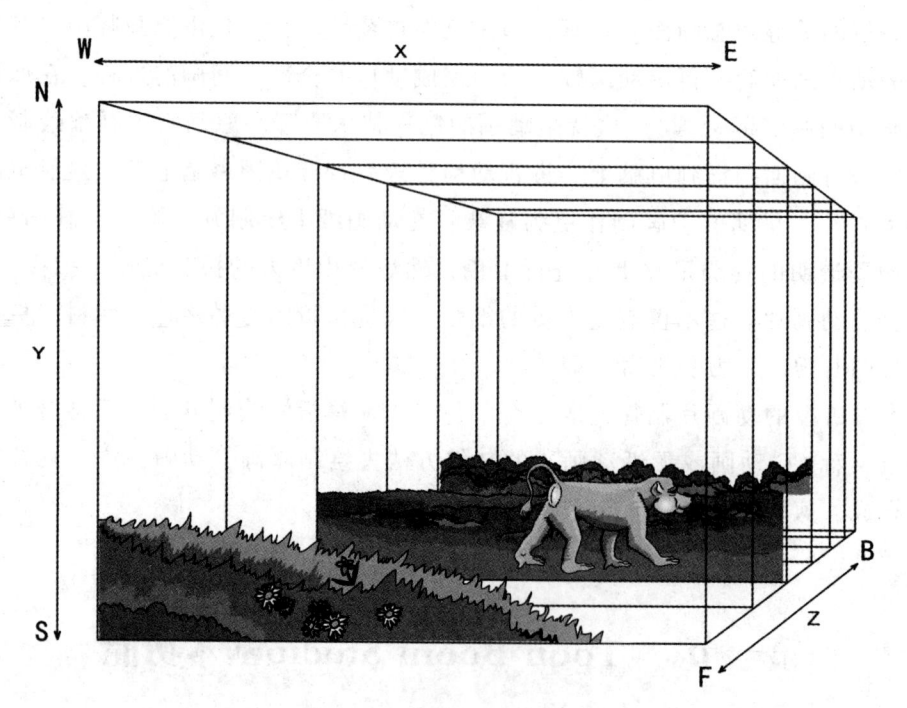

图 1-1 模拟的 3d 空间图

图1-2 在屏幕中的视窗画面（黑框以内为可视画面）

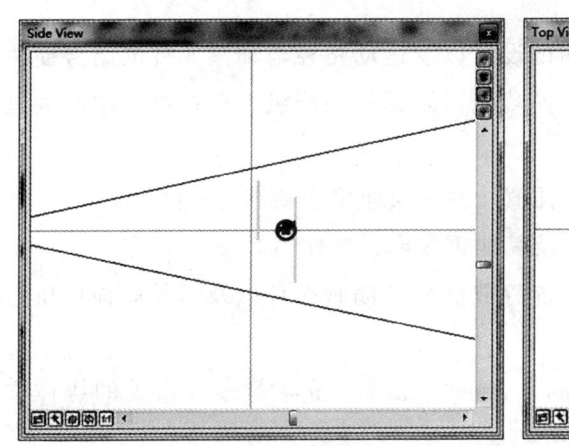

图1-3 侧面角度的视觉场景　　　　图1-4 顶视角度的视觉场景

  2. 动态多平面的相机移动和特效。借助3D空间及其相机，用户能轻松实现推拉缩放以及其他更为炫目的镜头效果，如图1-5。

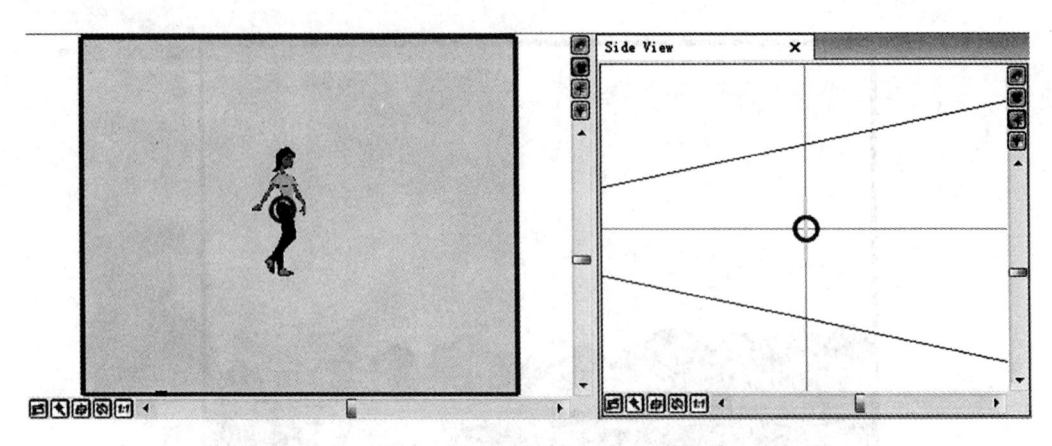

图 1-5

3. 自动化的口型同步映射。自动口型同步工具可让音画完全同步，改进的声音滑擦功能能使声音和口型精确同步。

4. 自由变形工具可将缩放、旋转、扭曲等多种操作结合起来进行，从而让操作变得更为快捷。

5. 时间轴窗口中层的管理、时间的设置以及运动路径与动画元件的结合使用使调度动画元素变得更为容易。帧交换功能以及模板功能极大地提高了动画的制作速度。

6. 可先创建关键帧动画然后利用插值计算来快速生成动画的中间帧。

7. 为 web 交互动画、连环漫画以及其他更多形式的作品添加文本元素。

8. 重复调用模板资源的库功能，能存放静帧、动画循环以及运动画面以供重复使用。

9. 可输出 flash（.swf）、quick time（.mov）、.avi、.mp4 等多种格式的媒体文件。

Toon Boom Studio 在关键帧动画、资源复用以及口型同步方面均有重要改进，使动画艺术家们能够制作出更为优秀的动画作品。另外，在这一新版本中还提供给用户一个简化的用户界面，并新增了 Workspaces 功能、羽化功能和打印功能等，在制作时更加方便快捷。

当然，学习动画制作必须具备三个基本条件：

1. 具备一定的绘画造型能力；
2. 熟悉动画的生产制作原理和制作工艺流程；
3. 掌握制作动画的专业应用软件。

本书着力解决的是如何使用 TBS 来制作合成动画片，并结合动画的制作流程，使大家一步一步来掌握数字动画的生产制作工艺。通过本书的学习，"动"画这个看似神秘的东西将变得不再神秘。

第二节　Toon Boom Studio视窗功能介绍

运行程序，打开工作界面，如图1-6。这是一个众多工作窗口同时开启的工作界面。

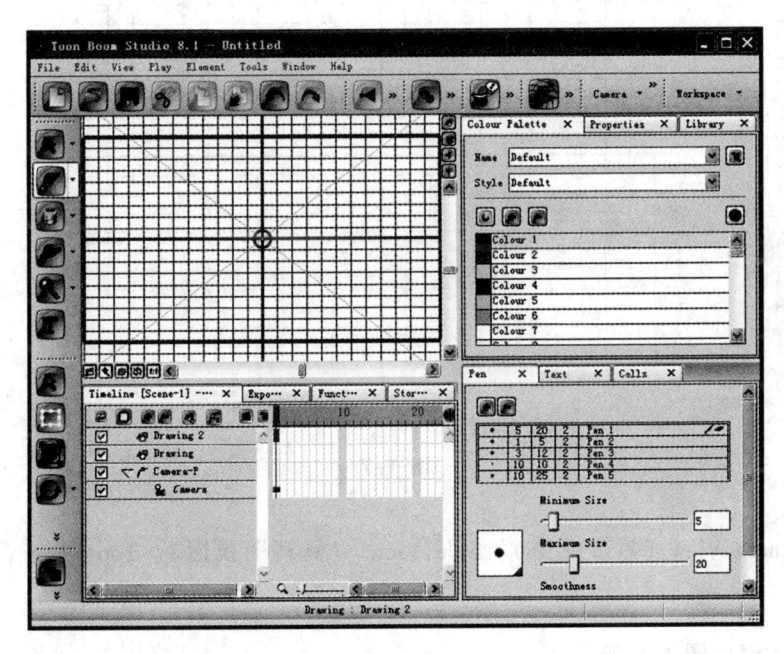

图 1-6

在视窗界面布局中，最上方的是菜单命令栏，菜单命令栏的下方是控制工具命令栏，左边是绘图工具和场景控制工具，界面中有 Drawing View（绘图视窗）、Camera View（摄影视窗）、Side View（侧视图视窗）、Top View（顶视图视窗）、Timeline（时间轴窗口）、Exposure Sheet（曝光/摄影表窗口）、Scene Manager（场景管理窗口）、Properties（属性面板窗口）以及Library（库管理窗口）等工作窗口，视窗界面的最下面为状态栏。

菜单命令栏、控制工具命令栏、绘图工具命令栏和场景控制工具命令栏是制作动画时操作各项工具的命令。在使用TBS制作或合成动画之前，必须熟练掌握这些工具命令功能，才能了解到这个软件功能的强大。

1. Drawing View（绘图视窗）

绘图视窗如图 1-7 所示。该窗口犹如一个内置画面规格板的绘画画板，又像是一张传统的动画纸，是绘制动画元素的主要窗口。在合成动画之前，所有绘制动画元素的工作都是在这个窗口完成的，控制这些画面的位置，需要在律表（摄影表）窗口中完成。

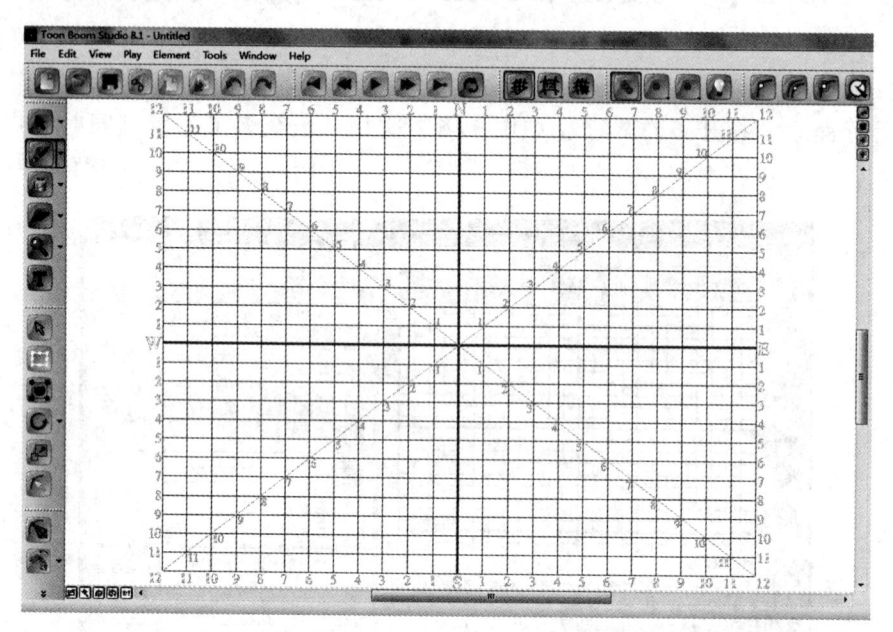

图 1-7

2. Camera View（摄影视窗）、Side View（侧视图视窗）、Top View（顶视图视窗）

摄影视窗如图 1-8 所示。

图 1-8

侧视图视窗如图 1-9 所示。

顶视图视窗如图 1-10 所示。

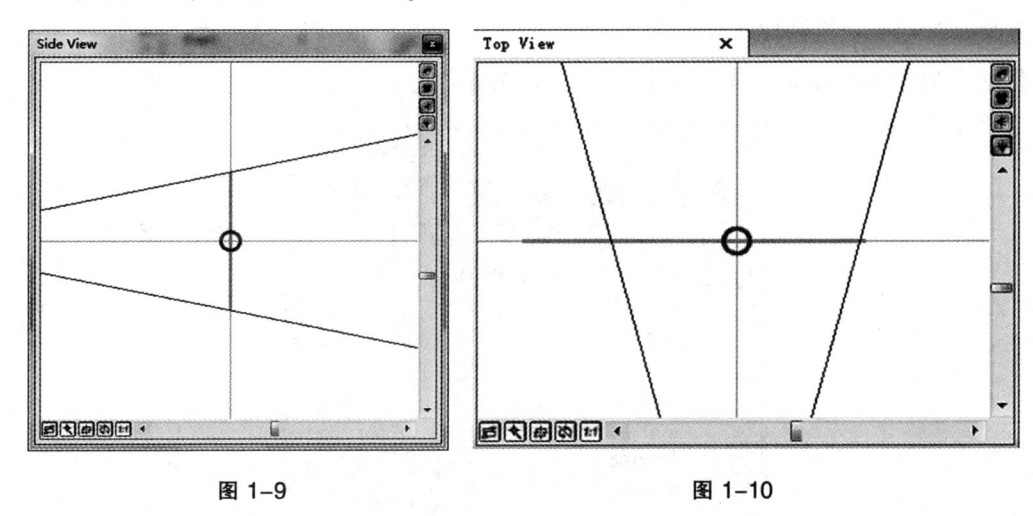

图 1-9

图 1-10

　　TBS 系统提供的拍摄过程所需要的三个视窗是合成动画片的视觉窗口，这三个视窗从三个独立的视角来显示场景中的动画元素，并对动画元素进行场面调度，这就是模拟的 3D 空间场景模式。三个视窗显示动画元素的形式不同，Camera View（摄影视窗）显示的是正视的直观画面，通过这个视窗可以看到动画画面的制作情况甚至最终的动画片效果；而顶视窗、侧视窗是以绿色线条符号显示的各动画元素以及各动画元素之间的空间位置。

3. Timeline（时间轴窗口）

　　Timeline（时间轴窗口）的主要功能是：设置动画元素的管理层级；设置管理动画的运动路径；控制画面和动画元素运动时间；控制画面的色彩效果；创建、控制摄影机及其运动等。如图 1-11 所示。

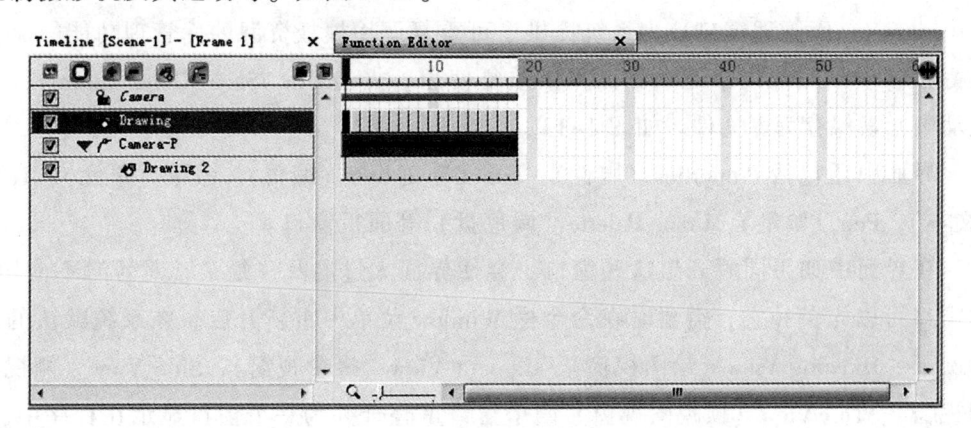

图 1-11

4. Exposure Sheet（曝光表窗口）

Exposure Sheet（曝光表窗口）又称摄影表窗口或律表窗口，是导演台本、摄影表与储存动画元素的律表功能的整合，是合成动画时对动画元素的组织构成，也是创建和管理各动画元素的重要窗口。如图1–12。

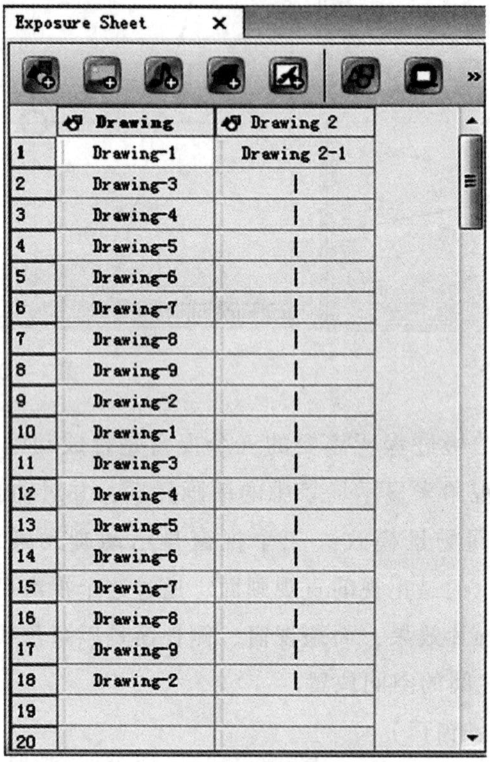

图 1–12

5. Library（库管理窗口）

Library（库管理窗口）为系统提供了可重复调用模板资源的库管理功能，能存放静帧、动画循环以及运动画面以供重复使用。点击 File /Save Global Library，可把动画元素保存为库文件。如图1–13。

界面中还包括 Properties（属性）、Function Editor（编辑）、Cells（单元）、Text（文本）、Pen（画笔）、Color Palette（调色盘）等面板窗口。

在界面中如果同时开启这些窗口，会使界面太过混乱、复杂，对暂时不使用的窗口可以先关掉它，需要时在命令栏 Window 菜单中重新开启。在系统默认的情况下，Drawing View（绘图视窗）、Camera View（摄影视窗）、Side View（侧视图视窗）、Top View（顶视图视窗）四个窗口重叠合并为一个窗口显示在程序中，当然，也可在界面中同时分别开启这四个窗口。

图 1-13

由于该系统程序是英文版本，讲述过程中将注明每一个命令的中文名称，以便于大家学习，并按章节详细讲解它们的功能和使用方法。要想熟练掌握该系统，最好能先掌握数字动画的生产流程，再通过实例进行学习。

TBS 系统开启文件的单一性，足以保证系统的稳定性。也就是说，在 TBS 系统程序中每打开一个文件，其他文件会被关闭，在一个 TBS 系统程序中不可同时打开两个或两个以上的文件，却可同时运行多个 TBS 系统程序，可以把这个系统中的文件复制粘贴到另一个系统文件中。如图 1-14。

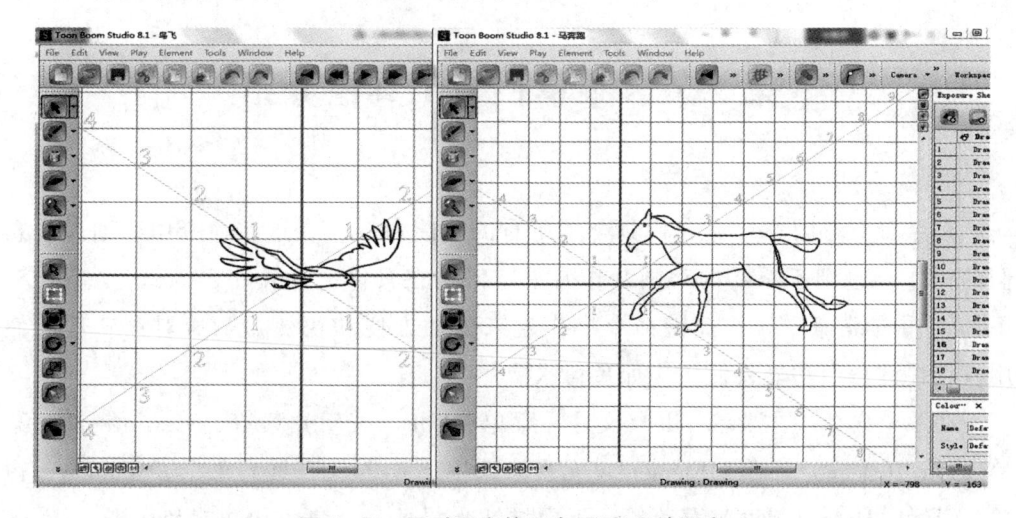

图 1-14　同时开启的两个 TBS 系统程序

TBS系统的文件保存也更具科学化，非常便于对文件的管理：当保存一个文件时，这个文件是以自动生成的文件夹形式保存，在文件夹内分别由标题图标、场景、模板、声音等子文件夹组成，以方便检索和供其它小组成员使用。如图1-15。

图 1-15

　　这种储存方式正是动画管理体系来管理和控制画稿文件最基本的储存形式，也是文件储存的最小单位。通常在生产初期就需要使用统一易记的编号方案来命名场景和使用镜头编号来命名画稿。

第三节　菜单栏与工具栏介绍

　　在界面上方的菜单命令栏集合了所有的功能命令，在这些命令中，通过对它们的操作，达到所需要的动画制作效果。但是在具体的操作中，点选这些命令，不如使用右键命令和快捷键命令操作起来更加方便和快捷。随着对该软件的使用，快捷键命令功能将使工作如鱼得水。

　　在菜单命令中主要有File（文件）菜单、Edit（编辑）菜单、View（视图）菜单、Play（播放）菜单、Element（元素）菜单、Tools（工具）菜单、Window（窗口）菜单、Help（帮助）菜单等，下面详细介绍每一个命令的功能和作用。

一、File（文件）菜单

这是管理文件的主要窗口，其功能主要是新建、打开（导入）、关闭、保存文件、发布影片等。打开 File（文件）菜单 / 下拉子菜单，如图 1-16。

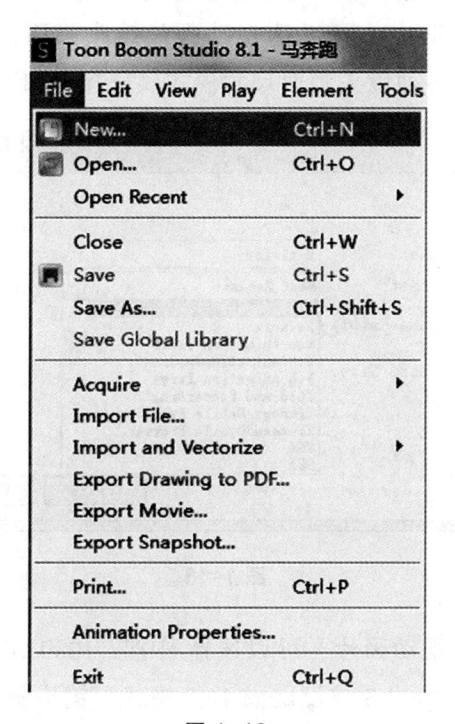

图 1-16

File（文件）菜单中的命令解释如下：

1. New（新建文件）：快捷键"Ctrl+N"，点击 New 命令，弹出如图 1-17 所示的视窗。

图 1-17

一般情况下，开启一个 TBS 系统，都会以一个默认的 Untitled 命名的系统文件显示在界面中。在此面板中，系统会以默认 Untitled 或 Untitled1、或 Untitled2 等文件命名。在制作一部动画片时，需要做的第一个工作就是分镜头工作，镜头成了制作动画的最小单位。新建一个镜头文件，以镜头编号命名。

在 Format（格式）框中，可以选择动画片镜头画面的各种尺寸模式。点击 Format 下拉菜单，有很多种镜头画面尺寸模式供选择，如图 1-18。

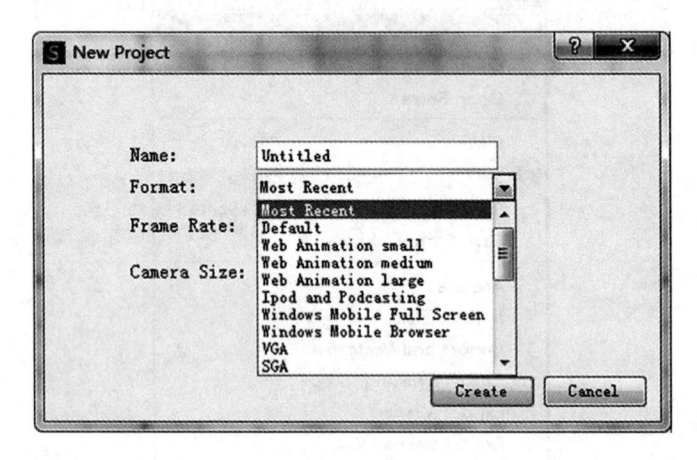

图 1-18

如果要生产一部电视动画片，可以选择 HDTV 1080 24P 模式；如果是制作一部电影，可以选择 2k Film 4:3 或设定成 16:9 模式，镜头画面的尺寸大小决定着整部片子的储存大小，同时影响着最终的画面质量。在 Format（格式）框中选择镜头尺寸，可以改变 Camera Size 即镜头画面的尺寸。

在 Format Rate 对话框中设置动画片的制作帧频率，由于动画片可能需要的帧频不同，通常有 25-30 帧电视帧频、24 帧全帧电影帧频、18 帧或 12 帧的半动画帧频等，我国生产的动画片多选择 24 帧全帧动画、18 帧或 12 帧的半动画。可根据需要，选择合适的动画制作帧频率。点击 Create，成功创建一个新文件。

2. Open/Open Recent：快捷键"Ctrl+O"，打开已有文件/最近曾打开的文件。

从系统文件夹中打开 TBS 系统自身创建的文件，文件格式为 *.tbp。其他系统生成的文件如图形、图像、声音等文件是不被该命令认识的，是不能通过该命令打开的。

3. Close（关闭文件）：快捷键"Ctrl+W"。

4. Save（保存文件）：快捷键"Ctrl+S"，保存为 TBS 系统自身的文件格式，保存后的文件是一个自动生成的文件夹，分别由标题图标、场景、模板、声音等文件组成。

Save As（另外保存文件）：快捷键"Ctrl+Shift+S"，保存为另一个名称的文件夹。

Save Global Library（保存为库文件）：把文件保存在库中，形成一个共享资源，在制作中，随时供其它文件使用。

5. Import File（导入文件）：点击 Import File 命令可导入图形、图像、声音等格式的文件，是从 TBS 系统外部获取资料的重要命令。点击 Import File 命令，会弹出如图1-19视窗所示的对话窗口，从中选择自己需要的图形、图像或声音文件。

Import File 与 Open/Open Recent 两个命令相比，Import File 主要是从 TBS 系统以外获取图形、图像、声音等其他格式的文件，而 Open/Open Recent 只能打开自身创建的格式文件。

使用 File（文件菜单）/ Import File 命令能导入 Flash 影片，而在曝光表中使用右键命令中的 Import File 则不能导入 Flash 影片。

6. Export Drawing to PDF（导出 PDF 格式图形）：在 TBS 系统中绘制的图形可以导出没有背景色的 *.pdf 格式图形，然后使用 Photoshop 打开该图形做精细修改后，以 *.png 格式保存该图形，最后再把这个图形导入到 TBS 系统中使用，起到弥补 TBS 系统处理图形功能不足的作用。如果以其他格式保存，图形背后会有一个白色的背景，这会严重遮挡这个图形后面其他图层中的形象，从而失去了层级的意义。

图 1-19

7. Export Movie（导出电影）：点击 Export Movie 命令，弹出如图 1-20 所示的视窗面板。

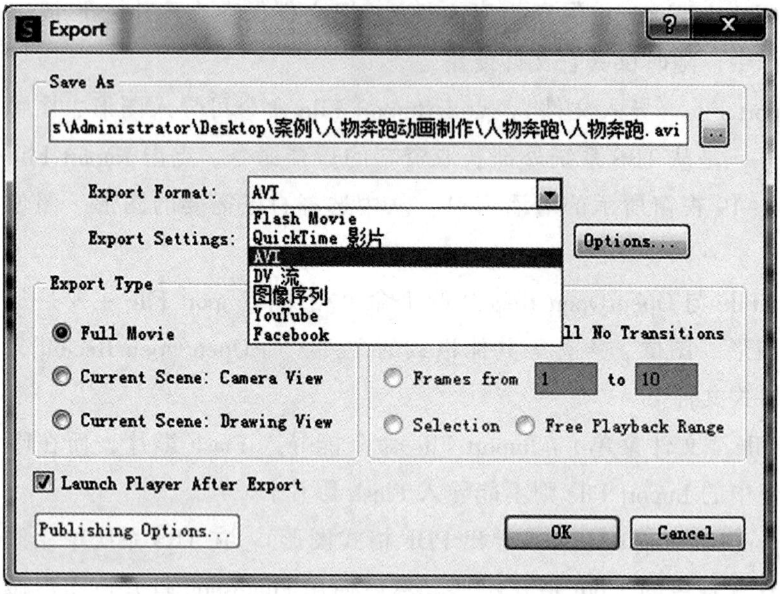

图 1-20

Export Format（导出格式）：点击下拉复选框，可导出 Flash Movie、QuickTime、AVI、DV 流以及图像序列等格式文件。Flash Movie 画面质量非常好，并且文件所占的空间很小，便于在网络上流传；QuickTime 格式文件是以 *.mov 为扩展的动画文件，此文件画面质量也非常好，其所占的空间却很小；AVI 与 DV 流格式的视频质量也不错，最主要的是它们所占的空间比较大，也可把影片以序列图像的形式导出来。

Export Settings（导出设置对话框）：点击 Options，分别弹出与影片格式相对应的设置对话框，可根据自己的需要，选择影片的导出设置类型。如果在 Export Format 中选择 QuickTime 格式，再点击 Export Settings 导出设置对话框后面的 Options，将弹出如图 1-21 所示子窗口。

如果导出的格式文件设置为 Flash Movie、AVI、DV 流以及图像序列时，点击 Options，弹出的导出设置对话框分别为：Flash Export Settings、AVI 设置、DV 导出设置、导出图像序列设置，如图 1-22、图 1-23、图 1-24、图 1-25 所示。

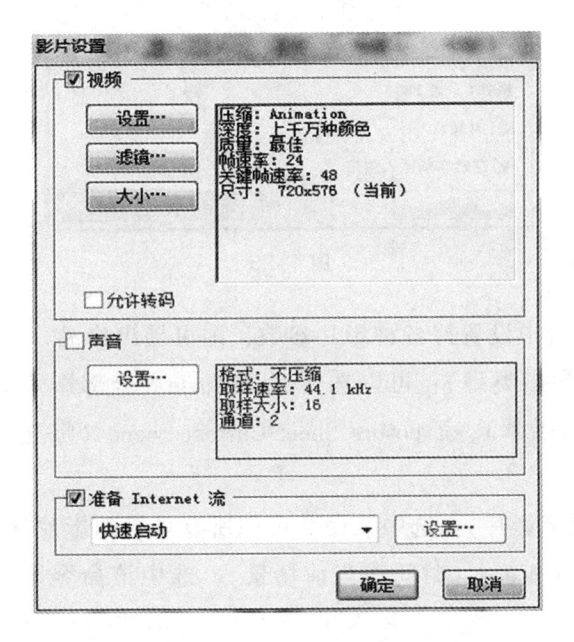

图 1-21

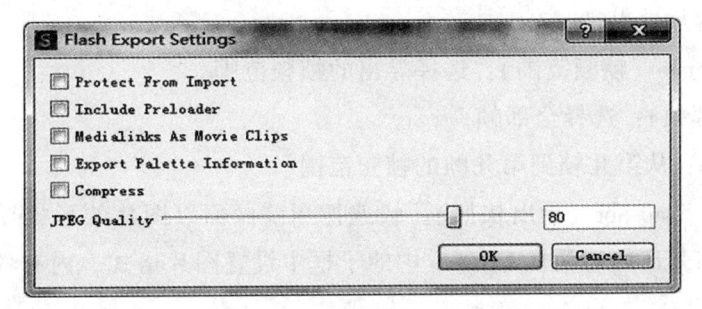

图 1-22

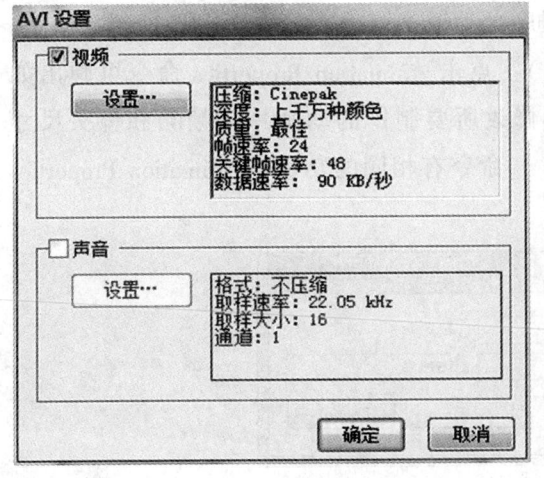

图 1-23

图 1-24

图 1-25

经过在这些窗口中设置好各种影片参数，即可导出作品。

Export Type（导出类型）：可以选择 Full Movie（全部影片）、Timeline Current Scene（时间线当前场景）、Exposure Sheet Current Scene（曝光表当前场景）三种类型。

Full Movie（全部影片）：选中该命令可把所有场景的影片导出来。

Timeline Current Scene（时间线当前场景）：选中该命令可把在时间线中所选中帧的影片导出来。

Exposure Sheet Current Scene（曝光表当前场景）：选中该命令可把在曝光表中所选中帧的影片导出来。

Export Range（帧频范围）：选择导出的帧频范围。

All（全部帧）：选择全部帧。

Frames to：从第几帧到第几帧的帧频范围。

8. Export Snapshot（导出快照）：快速把当前画面以图片的形式导出去。点击该命令可以在弹出的对话框 Options 中的子框中设置图片格式，内有各种图片格式以供选择。

9. Prints（打印）：该命令可以把当前页画面打印出来，如果计算机上没有安装打印机，请不要点击该命令，否则该程序自动退出，将会丢失正在处理的数据。

10. Animation Properties（动画参数）：点击 Animation Properties 命令可弹出如图 1-26 所示的视窗面板，在此面板中修改所要制作的动画片的帧频和镜头尺寸的大小。此面板功能与 New（新建文件）命令有相同的功能，Animation Properties 面板起到修改已创建文件尺寸的作用。

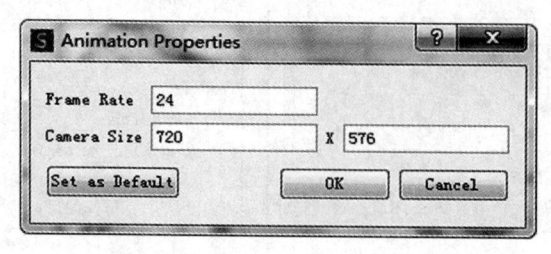

图 1-26

11. Exit（退出）：快捷键"Ctrl +Q"，系统退出。

二、Edit（编辑）菜单

Edit（编辑）菜单中的命令可对 Drawing View（绘图视窗）、Camera View（摄像机视窗）、Side View（侧视图视窗）和 Top View（顶视图视窗）等四个界面工作区域中的内容进行操作。

打开 Edit（编辑）菜单，如图 1-27 所示。其命令解释如下：

1. Undo（取消上次操作）：快捷键"Ctrl+Z"。

2. Redo（重复上次操作）：快捷键"Ctrl+Shift+Z"。

3. Cut（剪切）：快捷键"Ctrl+X"。

Cut Drawing Object（剪切绘图元素）：快捷键"Ctrl+X"。

Cut Special（剪切特别）：快捷键"Ctrl+Shift+X"。

4. Copy（复制）：快捷键"Ctrl+C"，Copy Drawing Object 复制绘图元素。

5. Paste（粘贴）：快捷键"Ctrl+V"，使用该命令粘贴的目标，当原文件内容改变时，粘贴的文件也会随之改变。

Paste New Object（粘贴为新目标）：快捷键"Ctrl+Shift+V"，使用该命令把原文件粘贴为新目标，当原文件内容改变时，粘贴后的文件内容则不会改变。

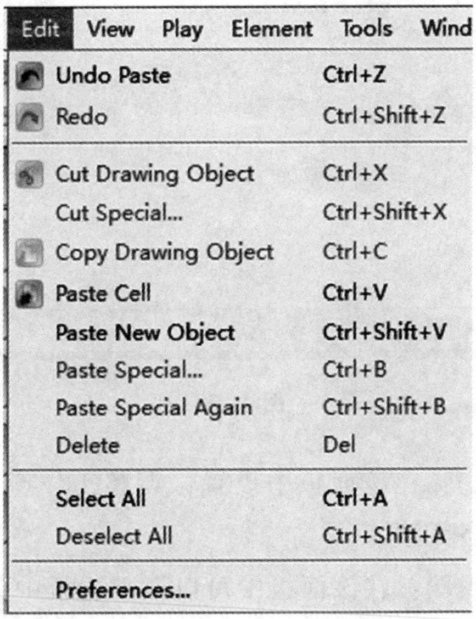

图 1-27

Paste Special（粘贴特别）：快捷键"Ctrl+B"。

Paste Special Again（多次粘贴为特别）：快捷键"Ctrl+Shift+B"。

6. Delete（删除）：快捷键"Del"。

7. Select All（选择全部）：快捷键"Ctrl+A"。

使用该命令，在 Drawing View、Camera View、Side View 和 Top View 四个视窗中的作用是不同的。在 Drawing View 视窗中，只选中当前画面中所有的内容；而在 Camera View、Side View 和 Top View 四个视窗中，却能选中所有的画面元素。也可以在 Timeline 时间线窗口中使用该命令选中所有的画面元素。

8. Deselect All（撤消全选）：快捷键"Ctrl+Shift+A"。

9. Preferences（参数）：系统界面参数设置，点击 Preferences 命令，可弹出 General、Shortcuts、Interface、Light Table、Display、Scene planning 等六个面板，如图1-28。这些面板中的参数可根据自己的习惯进行改变。

General（常规面板）：在该面板中显示用户名称和版权信息以及文件的储存位置。

Shortcuts（热键面板）：在该面板中用来调整系统的快捷键设置。

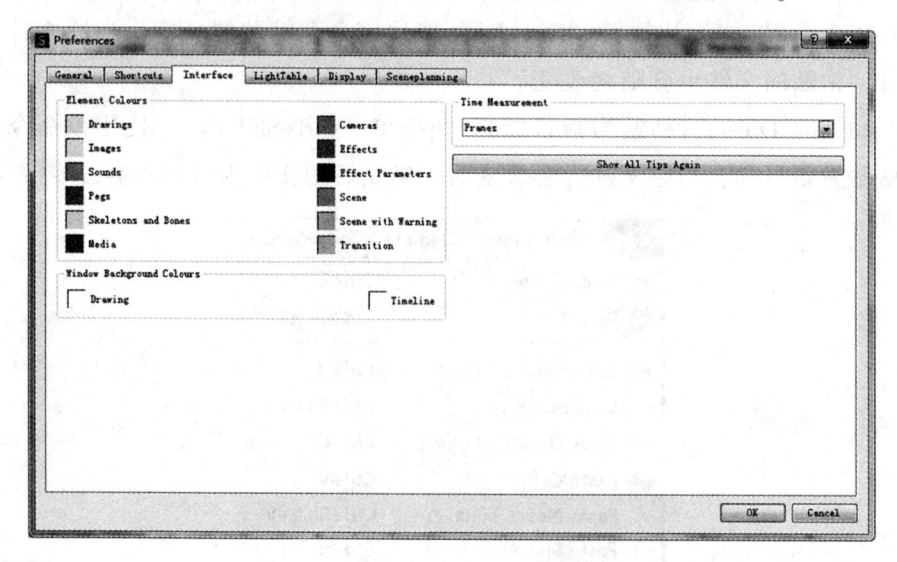

图 1-28

Interface（界面面板）：在该面板中设置、调整工作窗口中以什么样的色彩符号代表显示在窗口中的各元素。

Light Table（看板面板）：在该面板中可以调整看板中各元素的色彩样式属性。

Display（显示面板）：在该面板中可以调整渲染器和渲染选项。

Scene Planning（置景面板）：在该面板中可以设置运动位点和坐标参数等，主要与 Function Editor 功能编辑器结合使用。

三、View（视图）菜单

View（视图）菜单中的命令可操作 Drawing View（绘图视窗）、Camera View（摄像机视窗）、Side View（侧视图视窗）和 Top View（顶视图视窗）等四个界面工作区域中的内容。

打开 View（视图）菜单如图 1-29 所示，其命令解释如下。

1. Turn On Full Screen（全屏转换开关）：快捷键"Ctrl+F"。

点击此开关命令可使工作界面全屏显示，使画面最大化，以利于绘制画面。也可使用工作视窗右上角的最大化或复原符号操作，但二者之间的作用稍有差别。

2. Zoom In（放大）：快捷键"X"，放大工作区域中的内容。

3. Zoom Out（缩小）：快捷键"Z"，缩小工作区域中的内容。

4. Reset Zoom（恢复缩放）：快捷键"Shift+Z"，可使放大或缩小的界面恢复为符合窗口的大小。

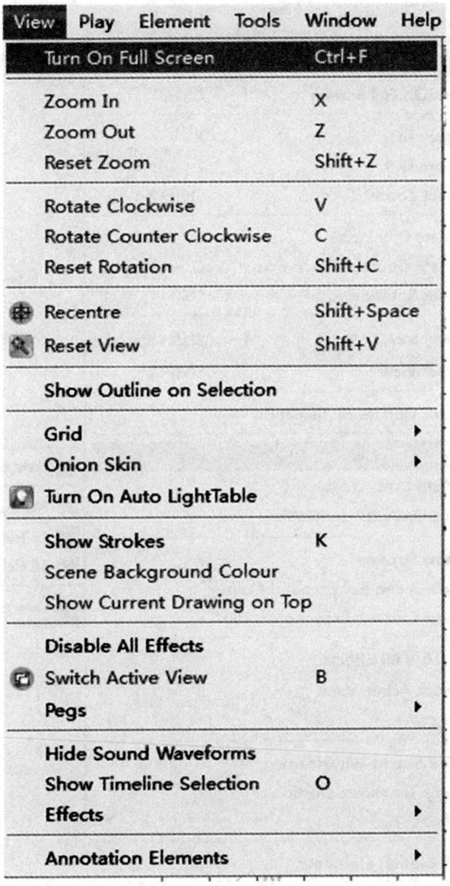

图 1-29

5. Rotate Clockwise（顺时针旋转）：每次旋转 15 度，快捷键"V"。

每点击一次该命令，可使界面内容顺时针旋转 15 度，可重复点击。

6. Rotate Counter Clockwise（逆时针旋转）：每次旋转 15 度，快捷键"C"。

每点击一次该命令，可使界面内容逆时针旋转 15 度，可重复点击。

7. Reset Rotation（旋转复位）：快捷键"Shift+C"，使旋转的对象恢复到正常的状态。

8. Recenter（恢复）：快捷键"Shift+Space"，使改变的画面位置恢复到被操作前的位置。

9. Reset View（重置视图）：快捷键"Shift+V"，点击此命令可使不论是缩放、旋转还是偏离中心的画面立刻恢复到原来的状态。

10. Show Outline on Selection（显示选中物体的轮廓）：快捷键"O"。

11. Grid（栅格）：选中绘图或摄影视窗界面，点击快捷键"G"，可开关规格框，点击此命令显示下拉子菜单，如图 1-30。

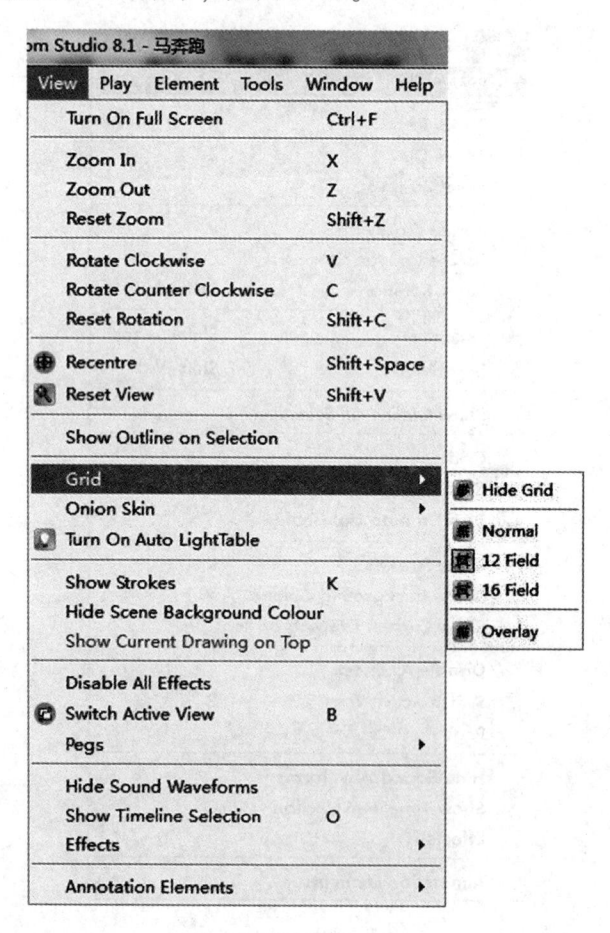

图 1-30

Hide Grid（隐藏/显示栅格）：栅格的作用与传统动画制作中的规格板类似，在每个镜头画面的绘制和合成动画过程中，可保证设计稿、原画、动画、背景、上色、电脑合成等画面规格的一致，是图像大小、位置参照的重要工具。

Normal（普通栅格）：该比例为1:1的普通栅格。

12 Field（12栏栅格）：本栅格采用国际上通用的4:3画面比例，设计成12个规格框线。上面印有从小到大排列的12个规格框。数字动画所使用的规格板是专业动画制作软件绘图视窗中带有的一张透明规格表，它由12个规格框或16个规格框组成。

栅格的使用，可以使各元素的形象大小、图像位置有一定的参照标准。有了参照标准，制作人员在分工制作时才不会有明显的误差。

一般情况下，角色、背景特写或大特写采用4—5规格，近景画面采用6—7规格，大半身或全身的中景采用7—8规格，全景采用9—10规格，大全景或远景采用11—12规格，大远景采用13以上的规格。

Overlay（覆盖）：使被选元素到栅格前或栅格后显示。

12. Onion Skin（洋葱皮菜单命令）：如图1–31。

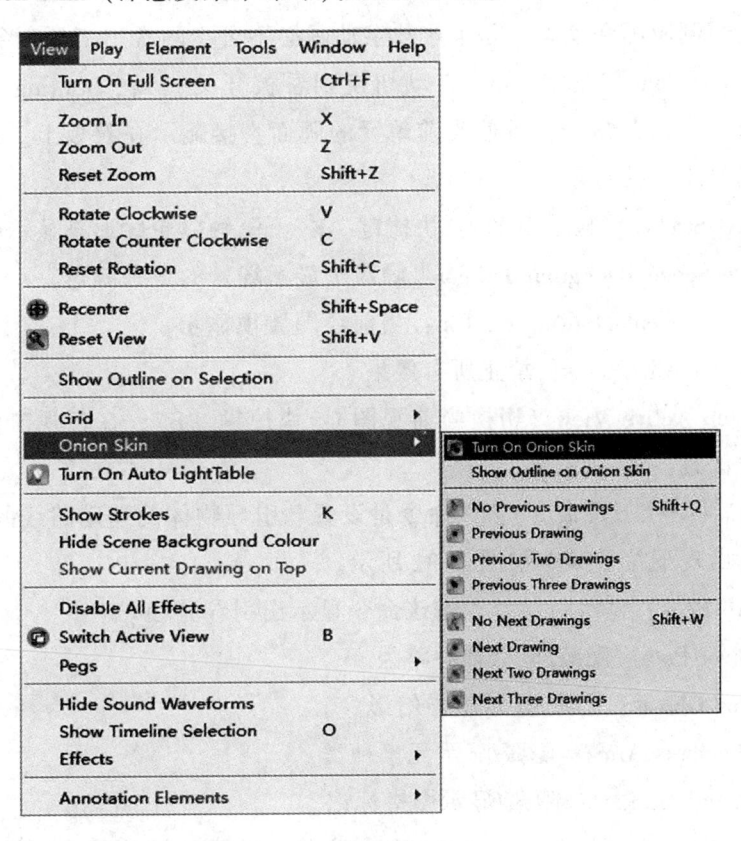

图 1–31

Turn Onion Skin Off：洋葱皮显示开关。

Show Outline on Onion Skin：以轮廓形式显示洋葱皮，打开此命令可使洋葱皮以轮廓形式显示，关闭此命令可使洋葱皮以笔触形式显示（绘制原画和中间画时常用此命令）。

No Previous Drawings：无上图形显示，快捷键"Q"，连续点击"Q"，可循环切换以下命令。

Previous Drawings：上一图形显示。

Previous Two Drawings：上二图形显示。

Previous Three Drawings：上三图形显示。

No Next Drawings：无下图形显示，快捷键"W"，连续点击"W"，可循环切换一下命令。

Next Drawings：下一图形显示。

Next Two Drawings：下二图形显示。

Next Three Drawings：下三图形显示。

洋葱皮功能是采取传统透光台的原理，把不同层级中的图像显示在同一画面中，以方便绘制原画和动画，是生产数字动画必不可少的常用工具命令。

13. Turn On auto LightTable（自动切换到看板开关）：在 Drawing View（绘图视窗）场景下点击此命令，可使当前单元的画面直接显示在看板上。此命令便于使用栅格调整绘制的对象。

14. Show Strokes（显示笔触）：快捷键"K"，笔触以轮廓形态显示的开关。

15. Hide Scene Background Color：隐藏 / 显示场景的背景颜色。

16. Show Current Drawing on Top：当前绘图置顶显示。

17. Disable All Effects：禁止所有效果。

18. Switch Active View（切换当前视图）：快捷键"B"，在各视窗窗口中切换画面的变化位置。

19. Pegs（路径工具命令）：该命令是设置、引导物体的运动路线的重要命令。点击此图标出现下拉子菜单如图 1-32 所示。

Show All Pegs：显示引导，点击该命令显示出引导路径。

Show Pivot Path：隐藏/显示轴心路径。

Show Peg Ghosts：隐藏/显示引导幻影。

Show Elements Arms：隐藏/显示元素种类。

Hide Frame Markers：隐藏/显示影格标记。

20. Show/Hide Sound Waveforms（显示/隐藏声音的波浪形状）：该命令可以使

声音的波浪形状显示在时间轴的声音条中。

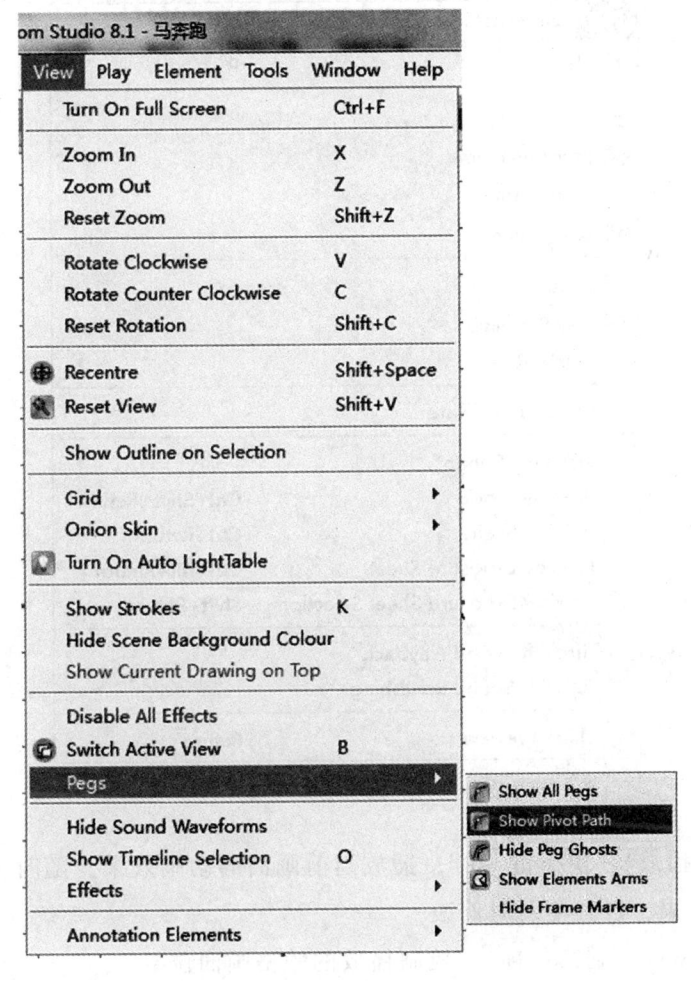

图 1-32

21. Show/Hide Timeline Selection（显示/隐藏选择的时间轴）：快捷键"O"。

22. Effects（效果）：点击出现下拉菜单命令。

Effects Parameters：效果参数。

Show All Effects Parameters：显示所有效果参数。

Hide All Effects Parameters：隐藏所有效果参数。

四、Play（播放）菜单

播放命令主要是在生产动画时，为了检验画面关系而进行的命令设置（简称"动检"）。打开 Play 菜单，如图 1-33，其命令解释如下。

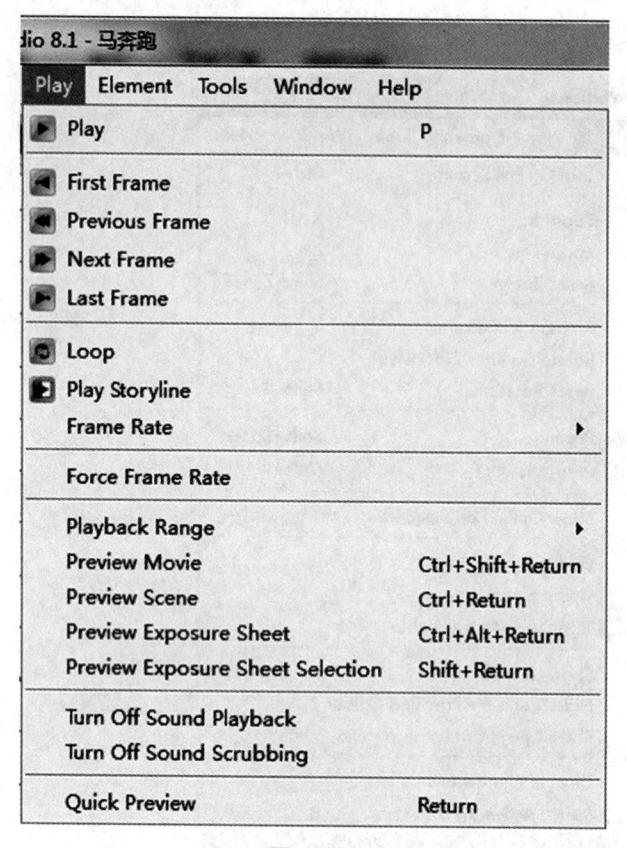

图 1-33

1. Play（播放）：快捷键"P"，播放当前画面的动画效果，随时检查完成的原动画的运动效果，以方便及时修改。

2. First Frame（到第一帧）：控制播放的帧格画面位置。

3. Previous Frame（到前一帧）：快捷键"A"。

4. Next Frame（到后一帧）：快捷键"S"。

5. Last Frame（到最后一帧）。

6. Loop（循环播放）：在"动检"时，为了多次检查画面运动效果，需要经常使用该工具命令。

7. Frame Rate（帧频速率）：在该命令中的下拉子菜单中，可以选择动画以多少帧频的速率播放或以系统默认设置的帧频速率播放。

8. Force Frame Rate（强制帧频速率）。

9. Playback Range（回放范围）：在下拉子菜单下可以设置动画播放的范围。

10. Preview Movie（预览电影）：快捷键"Ctrl+Shift+Return"，此命令是连续播放所有场景的动画电影。

11. Preview Scene（预览场景动画）：快捷键"Ctrl+Return"，此命令是播放当前场景的动画。

12. Preview Exposure Sheet（预览曝光表上全部当前动画）：快捷键"Shift+Alt+Return"。

13. Preview Exposure Sheet Selection（预览曝光表上选择某一元素的当前动画）：快捷键"Shift+Return"。

14. Turn Sound Playback On（声音回放开关）。

15. Turn Sound Scrubbing Off（声音滑擦开关）。

16. Quick Preview（快速预放）：快捷键"Return"。

五、Element（元素）菜单

元素菜单的功能主要是操作 Exposure Sheet（曝光表视窗）和 Timeline（时间线视窗）中的各元素，是制作动画工作中非常重要的菜单命令。在 Exposure Sheet（曝光表视窗）和 Timeline（时间线视窗）中直接点击右键功能同样可以使用这些命令。

点击 Element 元素出现下拉菜单如图 1-34 所示。其命令解释如下。

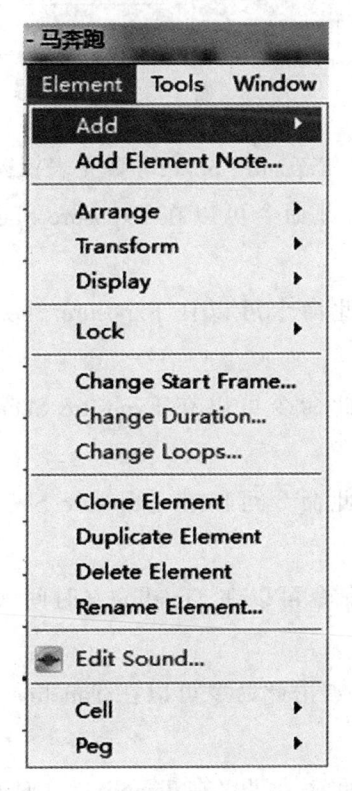

图 1-34

1. Add（添加点击）：Add 添加命令出现下拉子菜单，如图 1-35。

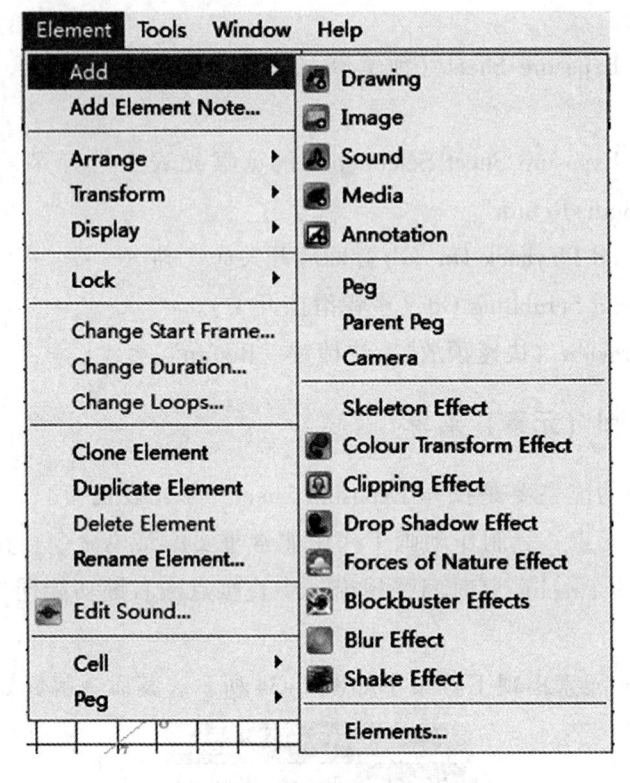

图 1-35

添加子菜单中的命令与 Exposure Sheet（曝光表视窗）中的工具条命令相同。

Drawing（绘图）：点击此命令可以在 Exposure Sheet 和 Timeline 中添 Drawing（绘图）元素。

Image（图像）：点击此命令可以在 Exposure Sheet 和 Timeline 中添加 Image（图像）元素。

Sound（声音）：点击此命令可以在 Exposure Sheet 和 Timeline 中添加 Sound（声音）元素。

Media（媒体）：点击此命令可以在 Exposure Sheet 和 Timeline 中添加 Media（媒体）元素。

Peg（引导）：点击此命令可以在 Timeline（时间线视窗）中添加 Peg（引导层）元素。

Parent Peg（父引导）：点击此命令可以在 Timeline（时间线视窗）中为当前元素添加Parent。

Camera（相机）：点击此命令可以在 Timeline（时间线视窗）中为当前元素添

加Camera（相机）元素。

Color Transform Effect（变色效果）：创建变色效果元素，在 Color Transform 属性面板中设置色彩数值变化，可以使物体的颜色在运动过程中整体发生变化，这是制作动画过程中非常需要的特殊效果。

Clipping Effect（剪影效果）：建立剪影效果元素，可制造元素隐藏效果。

Drop Shadow Effect（阴影效果）：创建阴影效果元素，为动画元素中各物体自动添加投影，光影效果可丰富动画画面效果，使画面带有一定的光感和空间感。

Elements（元素名称）：更改元素的名称。

2. Add/Update Element Note（添加/更新元素注释）。

3. Arrange（排列）：点击 Arrange（排列）命令出现下拉子菜单，如图 1-36。

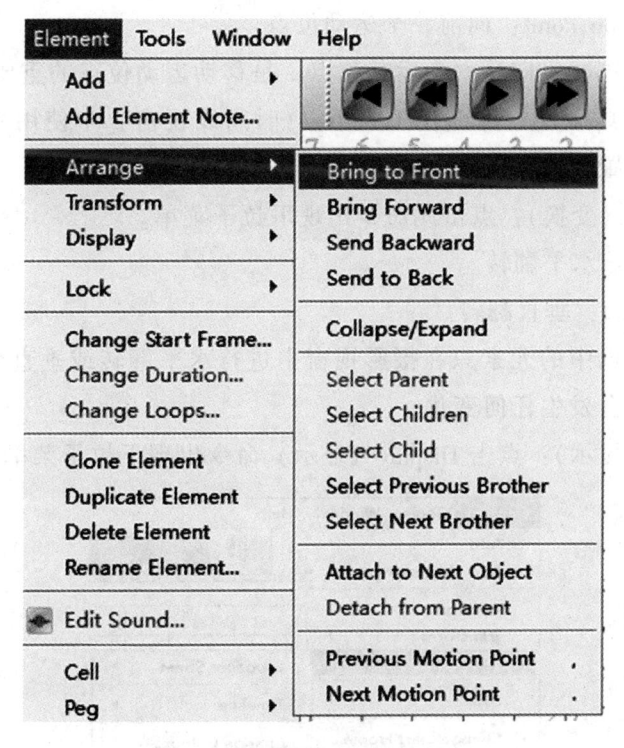

图 1-36

Arrange 的功能是调整 Exposure Sheet（曝光表视窗）和 Timeline（时间线视窗）中各元素的前后层关系。元素图层的前后关系决定着动画形象在场景里的前后位置，这是可以解决形象层级前后转换的命令。Elements（元素）菜单下的 Arrange（排列）与 Tool（工具）菜单下的 Arrange（排列）操作对象不同。

Bring to Front：置到最前层。

Bring Forward：向前置一层。

Send Backward：向后置一层。

Send to Back：置到最后层。

Collapse/Expand：展开或收缩所有子层。

Select Parent：选择当前层的父层。

Select Children：选择当前层的所有子层。

Select Child：选择当前层的子层。

Select Previous Brother：向前选择兄弟层。

Select Next Brother：向后选择兄弟层。

Attach to Next Object：连接为下一目标的子层。

Detach form Parent：从父层拆开。

Previous Motion Point：向前一个运动位点。

Next Motion Point：向后一个运动位点，是移动运动位点的重要工具。

以上这些工具命令，可以在 Timeline（时间线视窗）中使用光标直接拖动图层元素到所在位置。

4. Transform（变换）：点击此命令出现下拉子菜单。

Flip Vertical：水平翻转。

Flip Horizontal：垂直翻转。

此命令可使选中的元素只在摄影视窗中进行水平翻转或垂直翻转，绘图视窗中的该元素则不会发生任何变化。

5. Display（显示）：点击 Display（显示）命令出现下拉子菜单，如图1-37。

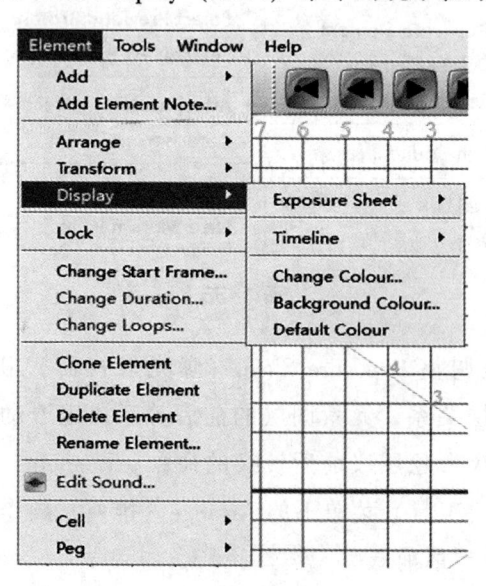

图 1-37

Exposure Sheet：在下拉子菜单中显示/隐藏曝光表中的元素。

Hide：隐藏。

Show All Exposure Sheet Elements：显示曝光表中所有元素。

Hide All Others：隐藏其它所有元素。

Timeline：下拉菜单显示/隐藏时间轴中的元素。

Show /Hide：显示/隐藏。

Show /Hide All：显示/隐藏全部。

Show /Hide All Others：显示/隐藏其他。

Change Color：变换元素颜色。

Background Color：背景色，变换时间轴上元素的背景色显示。

Default Color：默认色彩。

以上命令操作的效果显示在 Timeline 视窗中。

6. Lock（锁定）：点击 Lock 命令出现下拉子菜单命令。

Lock：锁定。

Unlock：解锁。

Lock All Others：锁定其他所有元素。

Lock All：锁定所有元素。

Unlock All：解锁所有元素。

执行这些命令后，被锁定的元素在 Timeline（时间线视窗）中以红色字体显示该元素名称。

7. Change Start Frame（变换起始帧）：可以调整某一元素的起始帧的位置（同时显示在 Exposure Sheet 和 Timeline 中）。

8. Change Duration（持续变换）。

9. Change Loops（变换循环）。

10. Clone Element（克隆元素）：克隆的元素指同名称同内容的元素，原来的元素名称或内容与克隆元素的名称和内容，一旦一方改变另一方也会随之改变。

11. Duplicate Element（复制元素）：复制的元素为不同名称但同内容的元素，原来的元素名称或内容与复制元素的名称或内容，一方改变另一方不会发生改变。

12. Delete Element（删除元素）。

13. Rename Element（重命名元素）。

14. Edit Sound（声音编辑）：点击 Edit Sound（声音编辑）命令弹出窗口，如图 1-38。

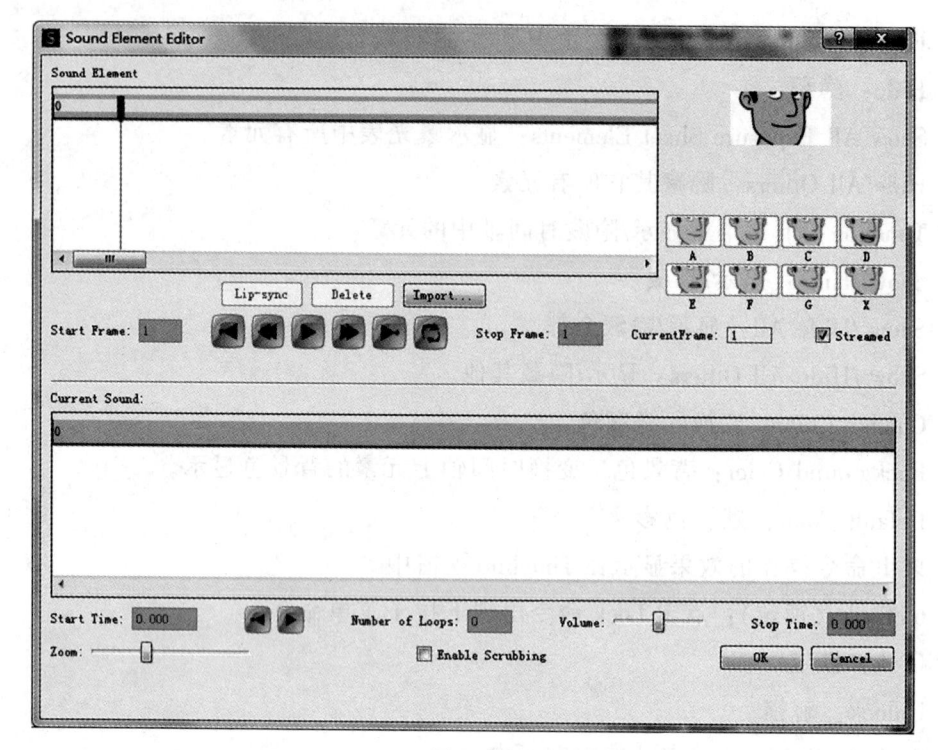

图 1-38

使用 Edit Sound（声音编辑器），首先在 Exposure Sheet（曝光表视窗）中添加 Sound（声音元素），然后点击该命令出现如图 1-38 所示的窗口，然后进行编辑。声音编辑器的功能是剪辑声音、滑擦声音、口型同步处理等。

Stop All Sounds（停止所有声音）。

15. Cell（单元）：单元是元素的基本组成单位，单元可以以列表或略图的形式显示。点击该命令出现下拉子菜单，如图 1-39。

Add Exposure：增加律表，快捷键"R"。

Remove Exposure：移除律表，快捷键"E"。

Set Exposure to 1：设置律表到 1，快捷键"Ctrl+1"。

Set Exposure to 2：设置律表到 2，快捷键"Ctrl+2"。

Set Exposure to 3：设置律表到 3，快捷键"Ctrl+3"。

Set Exposure：设置律表，快捷键"Ctrl+4"。

Extend Exposure：扩展律表。

以上功能主要是把当前单元设置所需要的帧数或帧格位置。

Set Exposure 与 Extend Exposure 的区别在于 Set Exposure 是设置了多少帧；而 Extend Exposure 是扩展到第几帧。

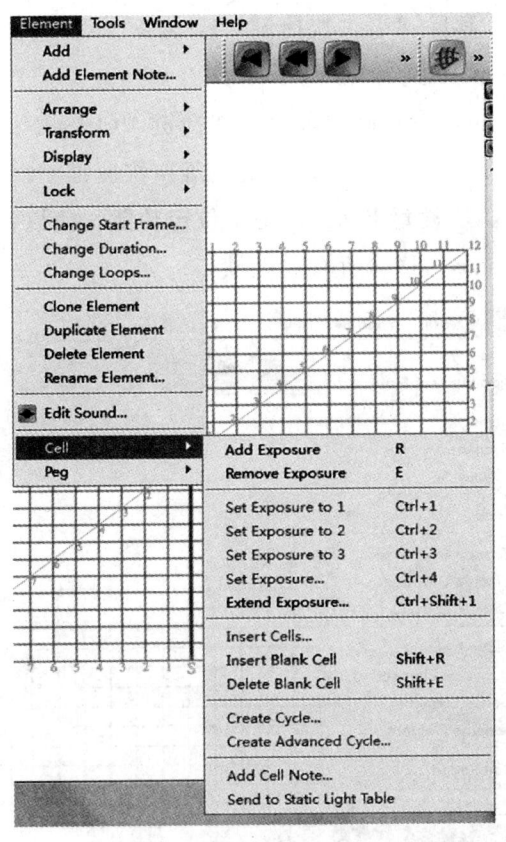

图 1-39

Insert Cells：插入单元。

Insert Blank Cell：插入空白单元，快捷键 "Shift+R"。

Delete Blank Cell：删除空白单元，快捷键 "Shift+E"。

Create Cycle：创建循环。

Create Advanced Cycle：创建高级循环。

Add Cell Note：添加单元注释。

Send to Static Light Table：移至静态看板，把选中的整个元素或某个单元移至静态看板。

以上命令可以在 Exposure Sheet（曝光表视窗）使用鼠标右键功能命令操作。

16. Peg（引导）：点击 Element / Peg 下拉子菜单如图 1-40。

Add Keyframe：添加关键帧，快捷键 "I"。

Remove Keyframe：移除关键帧，快捷键 "Ctrl+R"。

Add Exposure：增加律表，为动画元素增加一帧格，可连续增加多个帧格。快捷键 "R"。

31

Remove Exposure：移除律表，快捷键"E"。

Extend Children Exposure：扩展到子律表。

Set Constant Segment：设置固定段落，快捷键"Ctrl +L"。

Set Non Constant Segment：不设置固定段落，快捷键"Ctrl+Shift+L"。

Toggle Constant Z：紧紧套牢Z，这是定位定功能，使该帧仅仅固定。

Remove All Keyframes：移除所有关键帧。

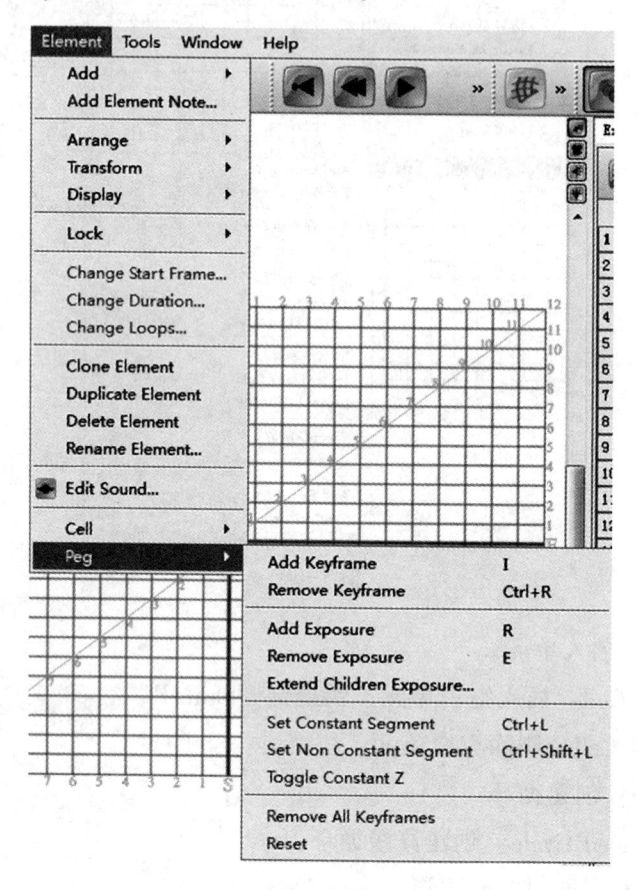

图 1-40

Peg 是 TBS 非常强大的运动路径功能，Peg 元素是用来控制动画元素和摄像机的运动路径的，静止的 Peg 可起到定位钉的作用。没有 Peg，TBS 也就没有专业制作动画的意义了。

六、Tools（工具）菜单

Tools（工具）菜单下的命令与工作界面视窗上的工具条命名基本相同，可以根据自己的习惯来使用这些命令。点击 Tools（工具）出现下拉菜单，如图 1-41

所示，其命令解释如下。

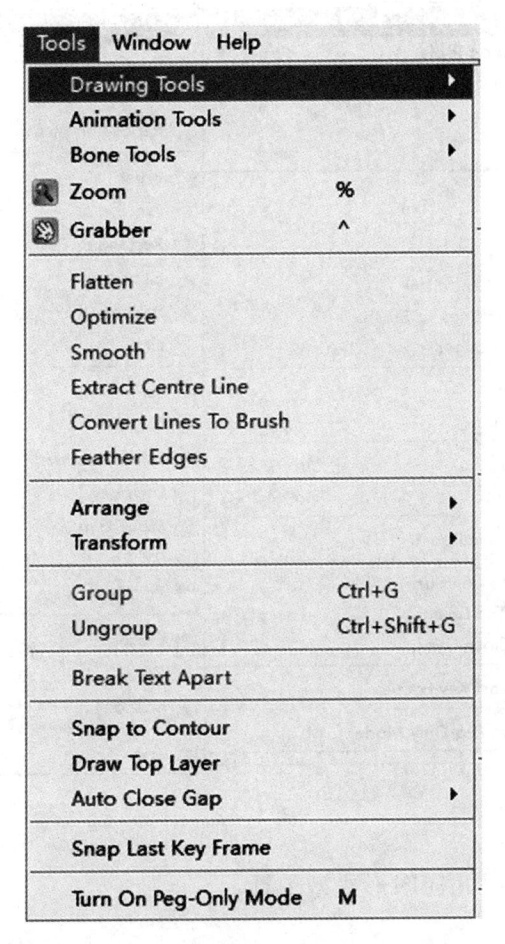

图 1-41

1. Drawing Tools（绘图工具）：是控制绘图工具的主要命令。点击 Drawing Tools（绘图工具）命令出现下拉子菜单，如图 1-42。

Select：选择工具，是对要操作的对象进行选择、控制的工具，快捷键 "!"，循环切换以下工具命令。

Contour Editor：轮廓编辑。

Perspective：透视编辑。

Reposition All Drawings：整体调整。

Brush：刷子，绘画工具，快捷键 "@"，循环切换以下工具命令。

Pencil：铅笔，绘画工具。

Rectangle：长方形，几何图形造型工具。

Ellipse：椭圆形，几何图形造型工具。

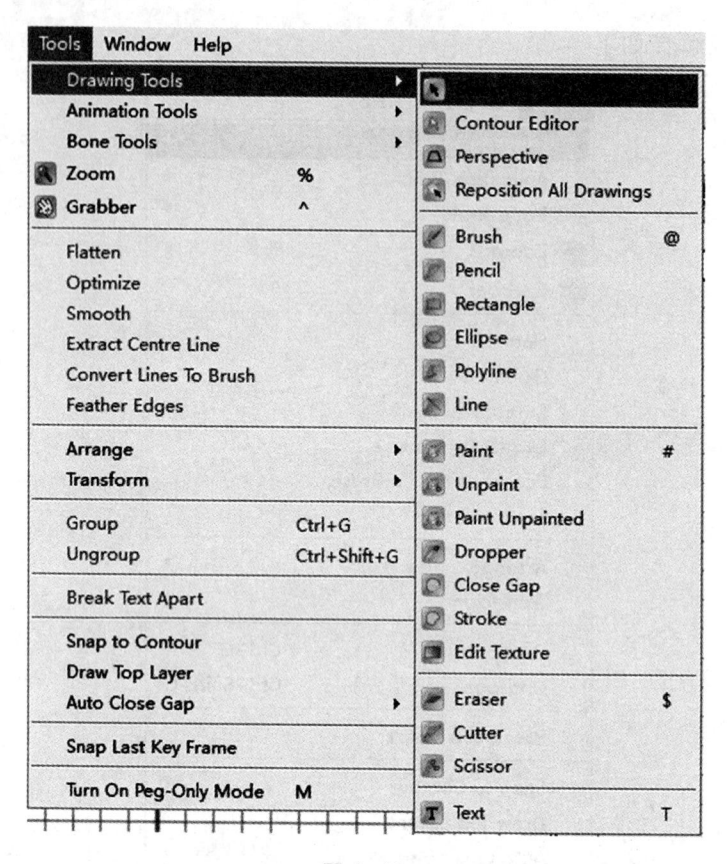

图 1-42

Polyline：多边形、几何图形造型工具。

Line：直线。

Paint：填充色彩，填色工具，快捷键"#"，循环切换以下工具命令。

Unpaint：取消填充。

Paint Unpainted：填充空白。

Dropper：吸管。

Close Gap：闭合缺口。

Stroke：描边。

Edit Texture：编辑纹理。

Eraser：擦除，橡皮工具，快捷键"$"，循环切换以下工具命令。

Cutter：切刀。

Scissor：剪刀。

Text：文本工具，文字输入工具，快捷键"T"。

绘图命令与绘图工具条中各绘图工具功能命令相同。

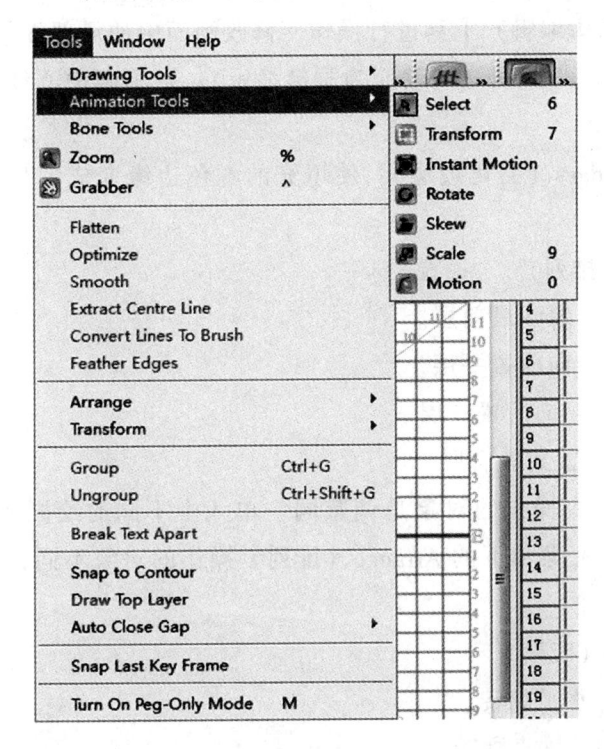

2. Animation Tools（场景操作工具）：点击此命令出现下拉菜单，如图1-43。

图 1-43

Select：选择，快捷键"6"。

Transform：变换，快捷键"7"。

Rotate：旋转，循环切换快捷键"8"。

Skew：变形，快捷键"8"。

Scale：缩放，快捷键"9"。

Motion：运动路径工具，快捷键"0"，建立运动路径的重要工具，建立Peg元素后，必须点击该命令，才能建立运动路径。

此组命令与场景操作工具条命令相同，是对场景视窗中各动画元素进行调整变化的主要命令。

3. Zoom（缩放）：快捷键"%"，使用该工具并按住空格键，转换为抓手移动工具。

4. Grabber（抓手移动）：快捷键"^"，随意移动视窗画面的位置。

5. Flatten（变平）：使绘制的线条平滑。

6. Optimize（优化）。

7. Smooth（平滑）：可使轮廓线变得平滑。

8. Extract Center Line（抽取中心线）：抽取笔画以中心线的形式显示，便于用 Contour Editor（轮廓编辑）工具进行操作，修改画面中的局部细节。

9. Convert Lines To Brush（改变为画笔显示）：把笔画中心线的形式改为画笔轮廓形式显示。

10. Feather Edges（羽化边缘）：使填充的颜色边缘变成羽化效果（即边缘渐变效果）。

11. Arrange（排列）。
Bring to Front：置到最前层。
Bring Forward：向前置一层。
Send Backward：向后置一层。
Send to Back：置到最后层。

　　此 Arrange 命令操作的对象是调整同一单元中不同的绘画元件的前后关系。与 Elements（元素）菜单下的 Arrange（排列）操作的对象不同，它的功能是调整元素的前后层关系。

12. Transform（变换）。
Flip Vertical：水平翻转。
Flip Horizontal：垂直翻转。
Rotate 90cw：顺时旋转 90 度。
Rotate 90ccw：逆时旋转 90 度。
Rotate 180：旋转 180 度。

　　此 Transform 变换命令操作的对象是调整某一元素的单元中绘画元件的水平翻转、垂直翻转或旋转等的关系。

13. Group（群组）：快捷键"Ctrl+G"，把绘制的某一形象画面群组，以利于编辑其他形象画面。

14. Ungroup（取消群组）：快捷键"Ctrl+Shift+G"。

15. Break Text Apart（打散文本）：编辑文本的工具。

16. Snap to Contour（轮廓捕捉）。

17. Draw Top Layer（绘制最上图层）。

18. Auto Gap（自动封口）：点击 Auto Gap（自动封口）命令出现下拉菜单。
Disabled：禁用。
Close Small Gap：关闭小型缺口。
Close Medium Gap：关闭中型缺口。
Close Large Gap：关闭大型缺口。

19. Snap Last Key Frame（捕捉最后关键帧）：如果点选了该命令，在建立 Peg 的运动路径时，一定要取消勾选该命令，否则系统会自动关闭，该命令是创建定位钉功能使用的命令。

20. Turn On Peg-Only Mode（引导样式开关）：快捷键"M"。

七、Window（窗口）菜单

Window 窗口菜单是用来开关系统界面中的工作窗口，在工作过程中，有些暂时不用的窗口可以关掉，以节约界面空间，方便操作开启的窗口，如图 1-44，其命令解释如下。

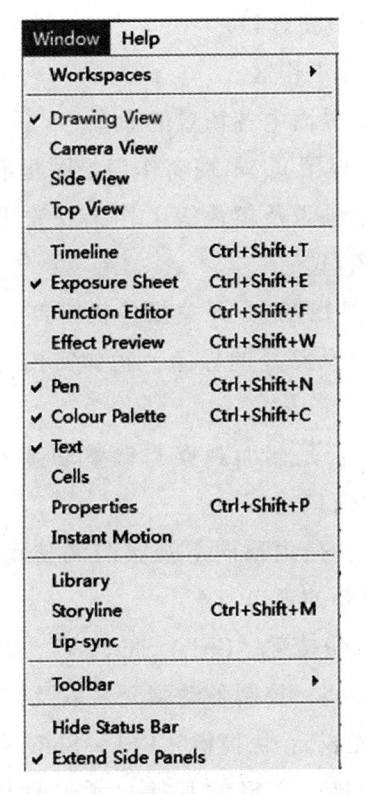

图 1-44

1. Cascade（层叠显示）：点击该命令，可使 Drawing View（绘制视图）/ Camera View（摄像机）/ Top View（顶视图）/ Side View（侧视图）、Exposure Sheet（曝光表）、Timeline（时间轴窗口）重叠起来。

2. Tile（平铺显示）：可使 Drawing View（绘制视图）/ Camera View（摄像机）/ Top View（顶视图）/ Side View（侧视图绘制视图）、Exposure Sheet（曝光表）、Timeline（时间轴窗口）平铺在窗口内。

3. Workspaces（工作区）：在这个命令下，弹出的子菜单命令如下。
Default：默认。
Drawing：绘图。
Full Screen Drawing：全屏绘图。
Scene Planning：场景平铺。
以上是用来调整、控制界面中各工作窗口位置的命令。
New Workspaces：新工作区。
Save Workspaces：保存工作区。
Rename Workspaces：更名工作区。
Restore Workspaces：恢复工作区。
Delete Workspaces：删除工作区。
以上是用来调整、控制界面中各场景的命令。

4. Drawing View（绘制视图）：本视窗作为绘图板取代了传统绘制动画用的动画纸，在上面绘制原画、动画以及填色等工作，或放置其他图像元素，是制作动画工作中非常重要的工作窗口。

5. Camera View（摄像机视窗）：开关摄像机窗口，摄像机功能是TBS应用程序的一大特色，镜头通过运动路径的导向，犹如实拍过程中摄影机的运动，给人一种真实的拍摄影片效果。

6. Side View（侧视图）：是侧面观察与调整动画元素在场景中的空间位置，是模拟3D场景非常重要的窗口。

7. Top View（顶视图）：是由顶向下观察与调整动画元素在场景中的空间位置，是模拟3D场景非常重要的窗口。

8. Timeline（时间线）：快捷键"Ctrl + Shift +T"，时间线窗口开关，时间线窗口的功能是控制动画制作时间、控制各动画元素以及控制摄像机的运动路径等。

9. Exposure Sheet（曝光表）：快捷键"Ctrl + Shift + E"，曝光表是传统动画中律表和故事板的结合，是每一影格的直接显示，犹如传统摄影表。与Drawing View（绘图窗口）、Camera View（摄像机视窗）、Timeline（时间线视窗）结合使用，它的功能非常强大，是制作动画非常重要的窗口，也是本程序制作动画的关键。

10. Function Editor（功能编辑器）：快捷键"Ctrl+Shift+F"，功能编辑器窗口开关。功能编辑器可以调整每一个元素的动画运动效果。由于TBS是虚拟3D空间拍摄动画，每一个控制点都处于这个3D空间中，使用本功能编辑器，可以调整3D空间中的每一个控制点。

11. Pen（画笔面板）：快捷键"Ctrl+Shift+N"。

12. Color Palete（调色盘面板）：调色盘面板是编辑颜色的工具，快捷键"Ctrl+Shift+C"。

13. Text（文本面板）：文本面板是用来编辑场景中文字的工具。

14. Cells（单元面板）：以单元的形式显示每一帧的画面。

15. Properties（属性面板）：快捷键"Ctrl+Shift+P"，属性窗口开关。主要是调整Drawing（绘图）、Camera（摄影机）、Peg（运动路径）、Color Transform（变色效果）、Drop Shadow（阴影效果）等参数设置的重要窗口。

16. Library（库）：库窗口开关，库是以单元的形式把每一帧画面储存起来，另一个重要的功能是可以做每一个场景的"动检"。

17. Storyline（故事大纲）：快捷键"Ctrl+Shift+M"，故事大纲窗口开关，在该窗口中可以预览故事纲要。

18. Toolbar（工具条）：点击此命令可开关系统窗口左侧的场景操作工具条。

19. Hide Status Bar（隐藏/显示状态栏）。

20. Extend Side Panels（延伸侧面板）。

八、Help（帮助）菜单

点击Help菜单，出现以下命令，如图1-45。

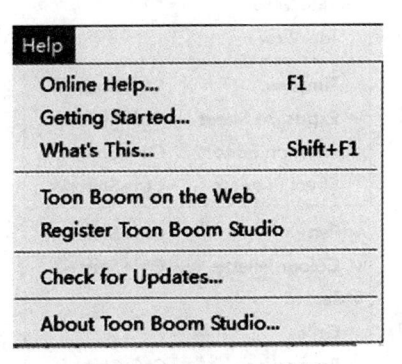

图 1-45

此菜单主要是实现网上在线帮助的功能。

第四节　常用工具条命令

TBS 系统界面上提供了最为常用的工具条命令，它与菜单栏命令基本相同。直接点击工具条命令，不用再到菜单栏命令里去查找，这样可以节约时间，提高工作效率。鼠标右键命令的使用以及快捷键的使用，同样是为了节约时间，提高工作效率。一个成熟的 TBS 操作人员，在制作动画时，应该非常熟练地使用快捷键功能命令和右键功能命令。使用快捷键功能命令，可以使工作起到事半功倍的效果。

系统视窗上的各工具条的开关方法：点击菜单命令 Window /Tool bar 下拉菜单中的命令，可开关所需要的工具条，或在工具条的任一空白处右击鼠标，均出现与 Window 相同的下拉菜单，如图 1-46、图 1-47。

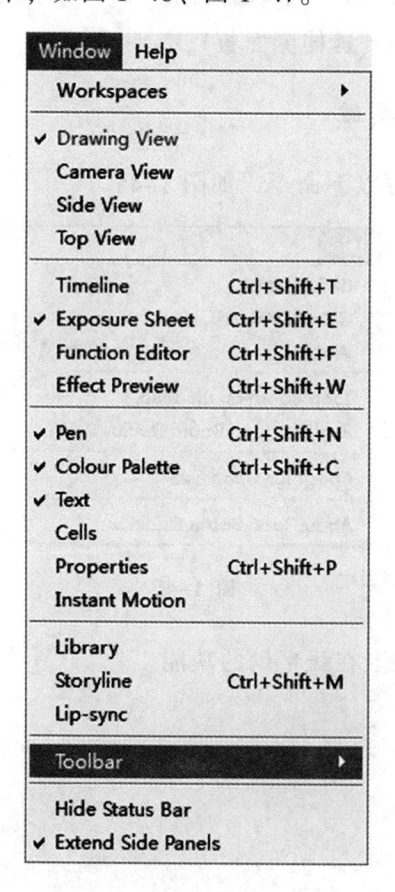

图 1-46

图 1-47

一、Drawing Tools 绘图工具条

该工具条（如图 1-48）是原画师、动画师、背景师、上色师等的绘图工具箱，是绘制动画作品的材料来源，原画师、动画师、背景师、上色师等利用这些工具在绘图板窗口内完成绘图和上色工作。Drawing View（绘图）窗口是使用这些工具的舞台，在 Camera View （摄像机）窗口中同样可以使用这些工具进行绘制画面。

图 1-48

1. 下拉菜单命令

连续按快捷键"!"，可循环执行以下命令。

Select（选择工具）：使用此工具可选定需要操作的对象。比如一组对象或一条线等。

Contour Editor（轮廓编辑）：使用轮廓编辑可以修改对象的局部轮廓，调整原画或动画的细微之处。

Perspective（透视编辑）：可使对象的形状改变透视效果。

Reposition All Drawings（整体调整）：使某一元素里的所有画面作为一个整体进行调整。

2. 下拉菜单命令

连续按快捷键"@"，可循环执行以下命令。

Brush（刷子）：像毛笔一样的笔触效果绘制各种形状。

Pencil（铅笔）：像铅笔一样的笔触效果绘制各种形状。

Rectangle（长方形）：可以绘制长方形和正方形。

Ellipse（椭圆形）：可以绘制圆形和椭圆形，按住 Shift 键再使用该工具，可以绘制出圆形。

Poly Line（多边形）：可以绘制多边形和曲线。

Line（直线）：可以绘制直线。

打开 Windows/ Properties/ Pen 属性面板窗口，在画笔属性面板 Pen 面板上设置画笔的大小，可根据画面要求选择画笔模式，画出不同效果的笔画。

3. ▇▼下拉菜单命令

连续按快捷键"#"，可循环执行以下命令。

Paint（填充色彩）：填充所需要的颜色，在 Windows/Properties/Color Palette 色彩属性面板上设置提取，可填出各种各样的色彩效果。

Unpaint（取消填充）。

Paint Unpainted（填充未填区域）。

Dropper（吸管）：其功能是在画面上吸取一种颜色，再使用填充工具往别的地方填色。

Close Gap（关闭缺口）：填充时可封闭缺口。

Stroke（笔触）：这是隐形笔触，通常是看不到这种笔触的，可通过菜单 View（视图）/ Show Strokes（显示笔触）来看到。

Edit Texture（编辑纹理）。

4. ▇▼下拉菜单命令

连续按快捷键"$"，可循环执行以下命令。

Eraser（擦除）：橡皮擦除。

Cutter（切刀）：用线的形式任意切割对象。

Scissor（剪刀）：以直线或矩形的形式剪切对象。

5. ▇▼下拉菜单命令

连续按快捷键"%"，可循环执行以下命令。

Zoom（缩放）。

Grabber（抓手移动）：使用光标任意移动绘图视窗中的画面内容。

6. ▇Text 文本工具

向画面输入文字，在文本属性面板 Text（文本）面板上对文字的大小、字体或排列等属性进行设置。

二、Scene Operation Tools 场景操作工具条

本组命令（如图 1-49）主要是在 Camera View 视窗中进行使用的工具命令。

1. Select（选择）：快捷键"6"。

2. Transform（变换）：快捷键"7"。

图 1-49

3. （下拉窗口）：连续按快捷键"8"，可循环执行以下命令。

   Rotate（旋转）：使一个物体以系统默认原点为中心进行旋转。

   Skew（变形）：使一个物体以系统默认原点为中心进行上下左右变形变化。

4. Scale（缩放）：快捷键"9"。

5. Motion（运动位点）：快捷键"0"。Motion 命令是建立运动路径的重要工具，创建 Peg 元素后，必须点击该命令，才能建立运动路径。

三、Main Tools 主要工具条

1. New（新建文件）：快捷键"Ctrl+N"。

2. Open（打开）：快捷键"Ctrl+O"。

3. Save（保存文件）：快捷键"Ctrl+S"。

4. Cut（剪切）：快捷键"Ctrl+X"。

5. Copy（复制）：快捷键"Ctrl+C"。

6. ⬛ Paste（粘贴）：快捷键 "Ctrl+V"。

7. ⬛ Undo（取消上次操作）：快捷键 "Ctrl+Z"。

8. ⬛ Redo（重复上次操作）：快捷键 "Ctrl+Shift+Z"。

四、Playback Tools　交互回放工具条

1. ⬛ 最后 1 帧。

2. ⬛ 到前一帧。

3. ⬛ 播放。

4. ⬛ 到后一帧。

5. ⬛ 第 1 帧。

6. ⬛ 重复播放。

五、Grid Tools　栅格控制工具条

1. ⬛ 栅格显示。

2. ⬛ 普通栅格/12 栏栅格/16 栏栅格。

3. ⬛ 覆盖。

六、Onion Skin Tools　洋葱皮工具条

洋葱皮工具条是制作动画（绘制中间画）最常用的工具。

1. ⬛ 洋葱皮显示开关。

2. ⬛ 下拉菜单命令：快捷键 "Q"，循环切换以下命令。

No Previous Drawings	无上图形显示
Previous Drawings	上一图形显示
Previous Two Drawings	上二图形显示
Previous Three Drawings	上三图形显示

3. ⬛ 下拉菜单命令：快捷键 "W"，循环切换以下命令。

No Next Drawings	无下图形显示
Next Drawings	下一图形显示
Next Two Drawings	下二图形显示
Next Three Drawings	下三图形显示

4. ◎ 自动看板

七、Peg Tools 引导工具条

1. ◎ 显示/隐藏引导。

2. ◎ 显示/隐藏引导虚影。

3. ◎ 显示/隐藏轴点路径。

4. ◎ 显示/隐藏元素种类。

八、Scene View Tools 场景视窗工具条

1. Default（默认）模式：始终以 30 度的视角为标准镜头显示的相机视野框。

2. Camera（相机）模式：同时选中此处与 Timeline 中同名称的相机后，在 Camera 视窗的镜框左下方出现一个滑块，移动滑块可以执行镜头变焦功能。

如果有新建其他相机，还会在此外显示出新建相机的名称。

九、Workspaces 工作区

其功能为控制工具条上场景的命令。

十、Exposure Sheet 摄影律表

摄影律表窗口是导演台本、摄影表与储存动画元素的律表功能的整合，是合成动画时对动画元素的组织构成，也是创建和管理各动画元素的重要窗口。摄影律表窗口与绘图视窗共同构成创建动画元素的工作区。

摄影律表作为 TBS 系统制作动画的律表，它的形式、内容与传统动画制作里的摄影表基本相同，正是这个摄影律表功能使得 TBS 制作动画非常专业。

Exposure Sheet（摄影律表窗口）功能

打开 Windows / Exposure Sheet（曝光表窗口），如图 1-50。

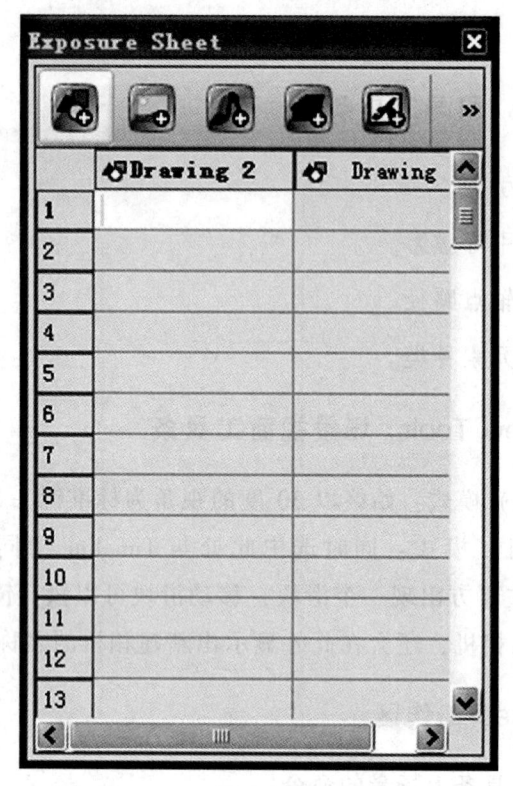

图 1-50

摄影律表工具栏按钮

1. ![]绘图，添加一个或多个矢量绘图元素。

2. ![]图像，添加一个或多个位图图像元素。

3. ![]声音，添加一个或多个声音元素。

4. ![]媒体，添加一个或多个媒体元素。

5. ![]动画，添加一个或多个动画元素。

6. ![]创建略图，把单元以列表形式转换为略图形式显示。

7. ![]开关静态看板，通过此看板，可以观察元素中每个单元的静态画面。

8. ![]开关元素列表，在元素列表里可以开关各元素的显示。

9. ![]场景列表，在此列表可调出所需要的场景为当前场景。

10. ![]显示上下文菜单，点击此菜单可使用下拉菜单命令（此菜单与场景管理窗口中的 ![] 命令相同）。

第二章　自然现象的动画制作

本章主要是通过对自然现象的动画制作，了解动画片的一般制作方法。

动画片中，除了角色的表演之外，还有风、火、水、烟、云、爆炸、雷电、雨、雪等自然现象作为表现形式。制作精良的自然现象动画，不仅可以在动画片中营造出独特的气氛，为角色提供一个适当的存在环境，还能更好地衬托主题。在动画片中还可以将风、雨、雷电等自然现象拟人化，赋予人的性格和动作特征，当作主角进行表演。

第一节　风、雨、闪电动画制作

一、风的动画制作

风是一种常见的自然现象，虽然我们看不到风，却可以感受到它，比如通过被风吹动的物体的运动形态来判断风力的大小、方向等。因此，通过风的动画制作，进一步研究 TBS 的应用方法和动画片的基本制作步骤。

项目一

项目名称：落叶——逐帧动画表现手法

项目分析：在生活中，除了能通过触觉感知到风，当比较轻的物体在空中缓缓飘荡时，也能"看到"风。因此，可以借助被风吹起的较轻的物体，利用它们的运动轨迹来表现风，这就是风的动画表现手法。该表现方法通常用于表现给人感觉比较舒缓的微风，如风吹落树叶，吹起羽毛、纸张等。

轻质物体在空中的运动线表现手法，还可以用来烘托气氛和引导观察视角的切换。如电影《阿甘正传》中的羽毛在空中的飘荡、下落，已经成为长镜头教学的经典案例。

项目目的：

1. 通过其他物体掌握风的动画表现手法。

2. 会使用 TBS 中 Brush、Pencil 或 Line 等工具绘制树叶。

3. 会使用 TBS 中 Add Exposure（增加律表）、Turn Onion Skin Off（洋葱皮显示）等命令。

4. 能够根据逐帧表现手法，绘制出树叶的飘落动画运动效果。

5. 了解风的运动变化在动画片制作中的应用。

项目要求：

1. 能够正确地绘制逐帧动画。

2. 能够正确地设计并绘制出树叶原画。

3. 能够正确地绘制出树叶中间画。

制作方法与步骤：

1. 启动软件，设置 Name（名字）>"运动线表现手法——落叶"，Format（镜头模式）>Custom，Frame Rate（帧频）>24，Camera Size（镜头画面的尺寸）>720×576，Greate 创建一个"落叶"的动画项目，如图 2-1。

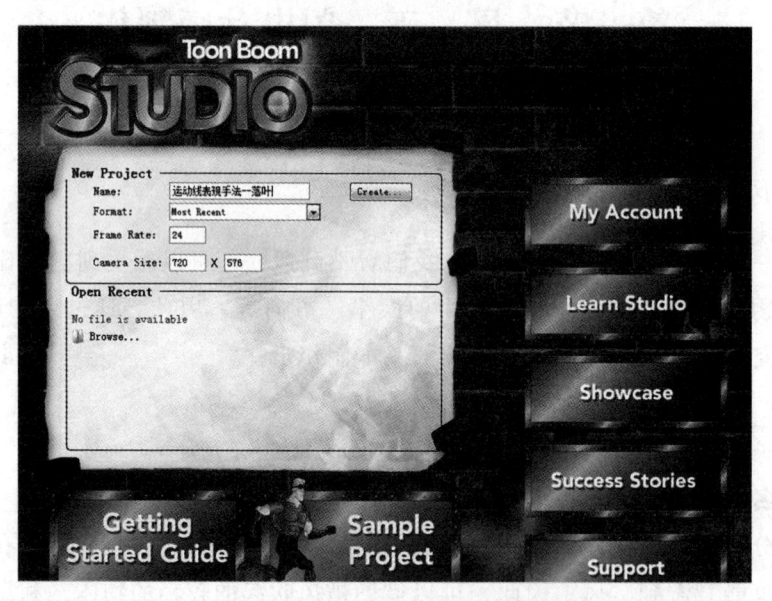

图 2-1

2. 使用 File（文件）>Save As（存储为）选择想要的位置保存该动画项目。存储此动画项目到一个新的位置，以保证总有一个原始的备用文件存在，如图 2-2。

图2-2

3. 单击 Exposure Sheet（曝光表窗口）>Drawing（绘图元素）>第 1 帧格，然后点击 Drawing View（绘图视窗），如图 2-3。

4. 选择绘图工具。点击绘图工具 Brush（刷子）或 Pencil（铅笔），并在 Pen 面板上设置所需画笔的大小，如图 2-4。

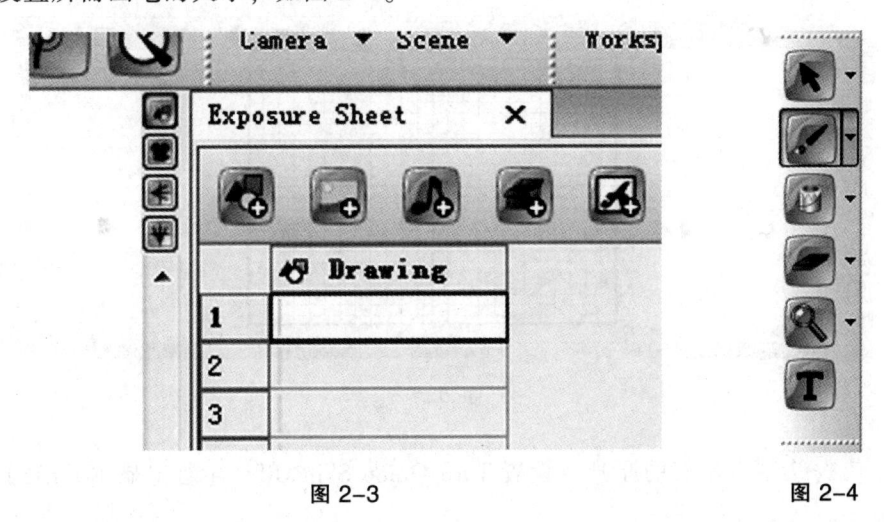

图 2-3　　　　　　　　　　　　　　　　　　　　图 2-4

5. 在 Drawing View（绘图视窗）或 Camera View（摄像机视窗）内绘制第一张树叶原画，如图 2-5。

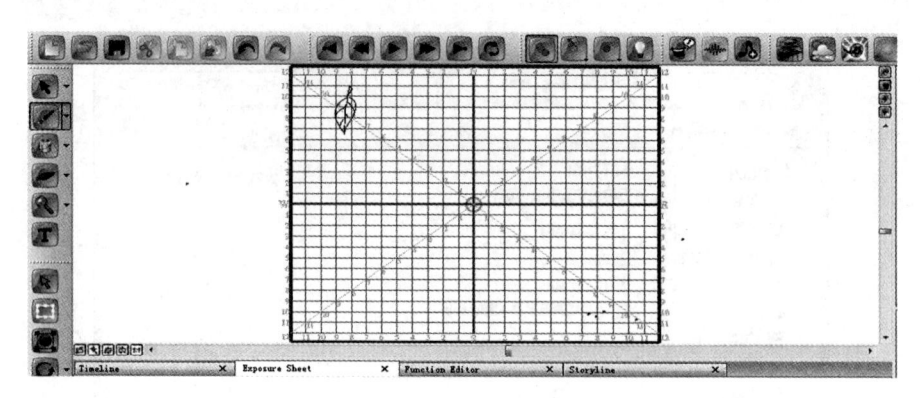

图 2-5

6. 单击第 3 帧格，并在工具条中打开 Turn Onion Skin Off（洋葱皮显示）/上下各显示 1 帧，如图 2-6。这样，第 1 帧画面会以红线轮廓的形式显示出来，前后画面就能相互对照；在 Drawing View（绘图视窗）或 Camera View（摄像机视窗）内绘制第二张树叶原画，以此类推，可画出一组序列原画。在绘制过程中，前后原画之间要参考规格框来规范它们的大小、位置关系等，如图 2-7。

图 2-6

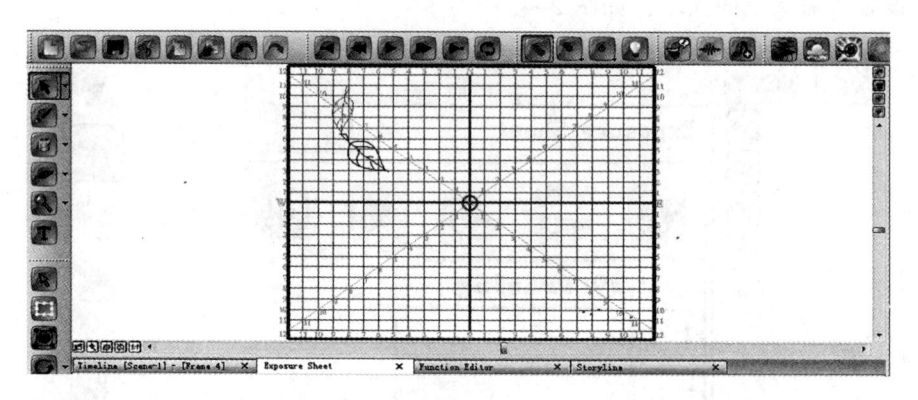

图 2-7

7. 依次绘制出所有的原画。设置 Turn Onion Skin Off（洋葱皮显示）/上下各显示 3 帧。

8. 选择第 2 帧格，在工具条中已打开 Turn Onion Skin Off（洋葱皮显示）/上下各显示 1 帧，因此在第 2 帧格所属的 Drawing View（绘图视窗）中显示出红、绿两幅树叶原画。

9. 使用绘图工具 Brush 或 Pencil，并在 Pen 面板上设置所需画笔的大小，把上一原画与下一原画的相同部位对齐，开始绘制第一张中间画，如图2-8。

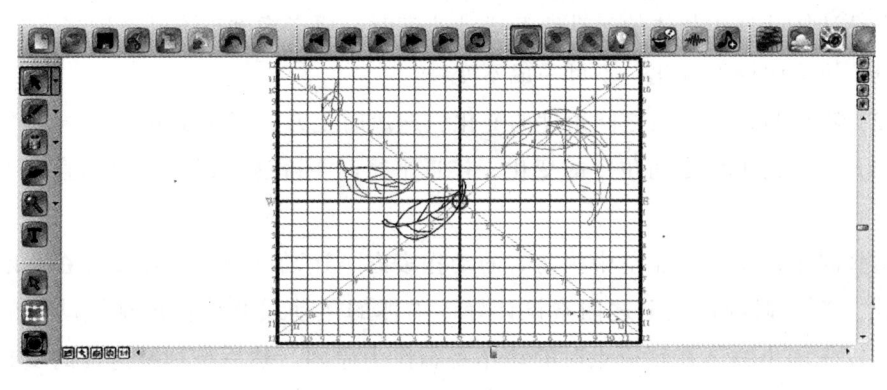

图 2-8

10. 依次添加中间画，使其形成一个完整的循环。

11. 点击主要工具条中的 Play（播放），所绘制的内容将按顺序在 View（视窗）内播放。如果想重复播放，选择 Loop（循环）按钮，以便更便捷地检查树叶原动画画面的动作是否连贯与缺失。若发现树叶的运动速度有点快，需做修改与调整，如图2-9。

图 2-9

12. 调整树叶动画的播放速度。选择第1帧格，右键选择 Add Exposure（增加律表），以此类推，每一帧都播放2帧，如图2-10。

13. 按快捷键"Ctrl+Enter"输出树叶动画，并循环播放来检查动画效果，如图2-11。

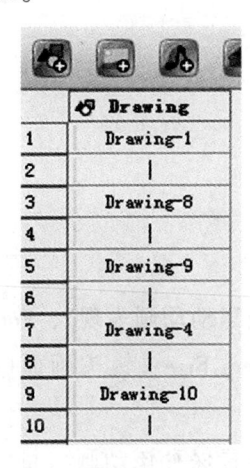

图 2-10

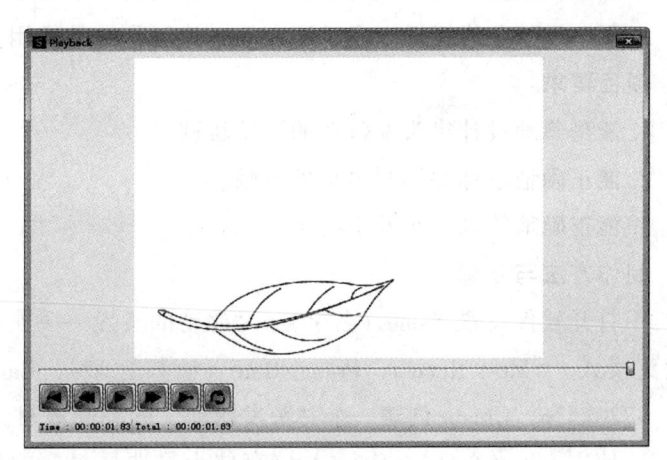

图 2-11

14. 按快捷键"Ctrl+S",保存工程文件。

在设计树叶这类物体的运动线及运动速度时,要考虑到以下几个因素:

(1) 风力强弱的变化,不可一成不变;

(2) 物体与运动方向之间角度的变化,迎风时上升,反之下降;

(3) 物体与地面之间角度的变化,接近平行时下降速度慢;接近垂直时下降速度快。

这些因素使得物体在空中飘荡时的动作姿态、运动方向以及速度都在不断地发生变化。当根据剧情及上述因素设计好该物体的运动线并计算出这组动作的时间后,可以先画出物体在转折点时的动作姿态作为原画。然后按加减速度的变化,确定每张原画之间要加多少张动画以及每张动画之间的距离。添加动画之后连起来,就成为被风吹起的物体在空中飘荡的动作。

项目二

项目名称:飘动的头发——曲线运动动画表现

项目分析:用物体的运动来表现风的另一种形式是曲线运动表现法,主要是指物体的一端固定在一定的位置,只另一端被风吹起,通过这些物体的曲线运动表现风的存在。旗帜、草和头发等迎风飘动都可以利用这些物体的曲线运动来表现风。

项目目的:

1. 掌握飘动的头发的曲线运动表现。

2. 能够使用TBS中Brush、Pencil或Line等工具绘制人物轮廓及头发。

3. 能够使用TBS中Add/Remove Exposure、Turn Onion Skin Off(洋葱皮显示)等命令。

4. 能够根据曲线运动表现手法,绘制出头发飘落的运动效果。

5. 了解风的曲线运动表现手法在动画片制作中的应用。

项目要求:

1. 能正确地设计出头发飘动的运动轨迹。

2. 能正确地设计并绘制出头发原画。

3. 能正确地绘制出头发中间画。

制作方法与步骤:

1. 打开软件设置Name(名字)>"飘动的头发——曲线运动动画表现",Format(镜头模式)>Most Recent,Frame Rate(帧频)>24,Camera Size(镜头画面的尺寸)>720×576,Create创建一个"头发飘动"的动画项目。

2. 使用File(文件)>Save As(存储为)选择想要的位置保存该动画项目。存储此动画项目到一个新的位置以保证总有一个原始的备用文件存在。

3. 单击 Exposure Sheet（曝光表窗口）>Drawing（绘图元素）>第 1 帧格，然后点击 Drawing View（绘图视窗）。

4. 选择绘图工具。点击绘图工具 Brush（刷子）或 Pencil（铅笔），并在 Pen 面板上设置所需要画笔的大小。

5. 在 Drawing View（绘图视窗）或 Camera View（摄像机视窗）内绘制少女面部，如图2-12。

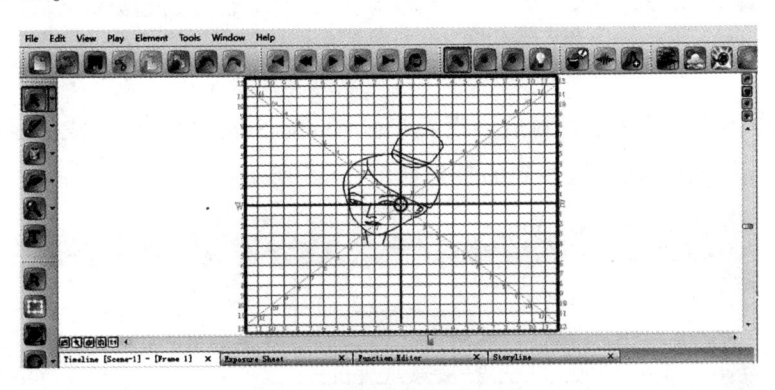

图 2-12

6. 继续在第 1 帧格，绘制头发，如图 2-13。

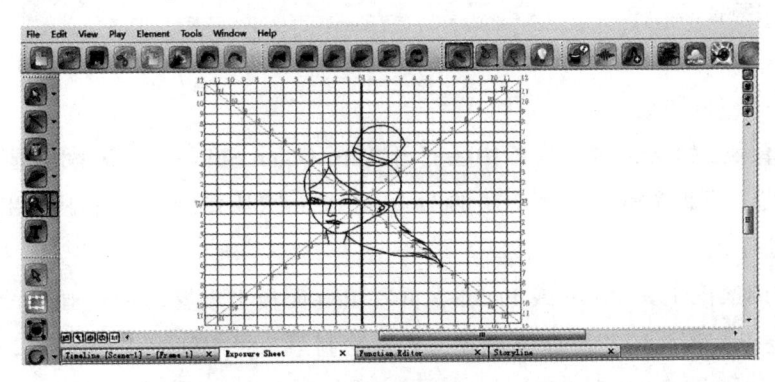

图 2-13

7. 单击第 3 帧格，并在工具条中打开 Turn Onion Skin Off（洋葱皮显示）/上下各显示 1 帧。这样，第 1 帧画面会以红线轮廓的形式显示出来，前后画面就能相互对照；在 Drawing View（绘图视窗）或 Camera View（摄像机视窗）内绘制第二张头发飘动原画，以此类推，可画出一组序列原画。在绘制过程中，前后原画之间的大小要参考规格框来规范它们的大小、位置关系等，如图2-14。

53

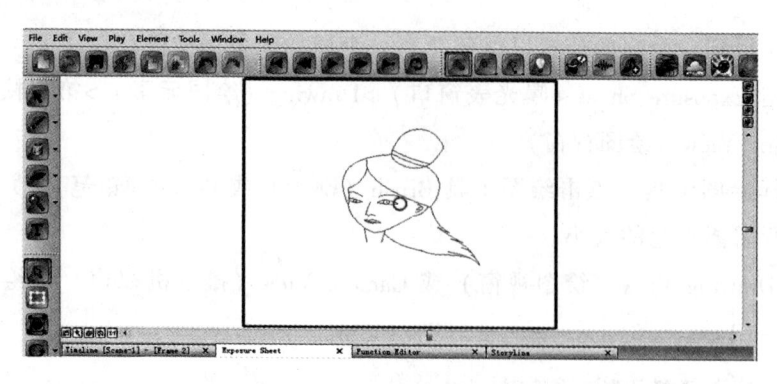

图 2-14

8. 依次绘制出所有的原画后，设置 Turn Onion Skin Off（洋葱皮显示）/上下各显示 3 帧，选中第 2 帧，观察到的效果如图 2-15 所示。

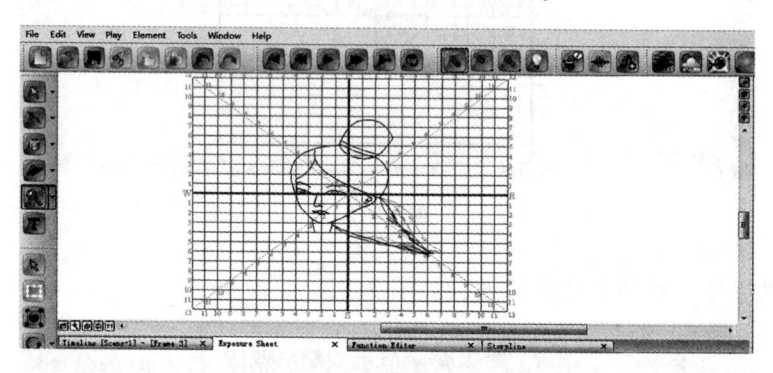

图 2-15

9. 选择第 2 帧格，在工具条中已打开 Turn Onion Skin Off（洋葱皮显示）/上下各显示 1 帧，因此在第 2 帧格所属的 Drawing View（绘图视窗）中显示出红、绿两幅头发飘动原画。

10. 使用绘图工具 Brush 或 Pencil，并在 Pen 面板上设置所需要画笔的大小，把上一原画与下一原画的相同部位对齐，开始绘制第一张中间画，如图 2-16。

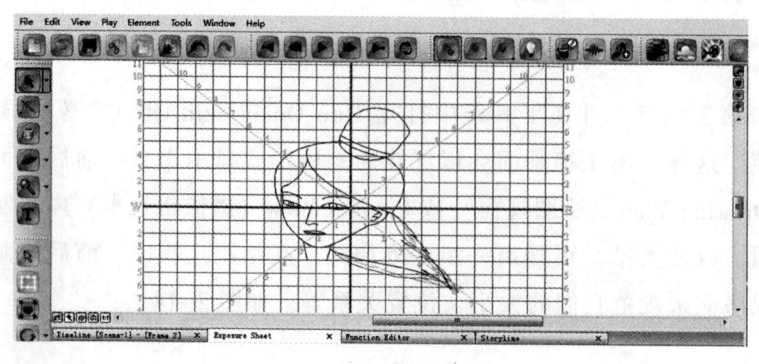

图 2-16

11. 依次添加中间画，使其形成一个完整的循环。

12. 点击主要工具条中的 Play（播放），所绘制的内容将按顺序在 View（视窗）内播放。如果想重复播放，选择 Loop（循环）按钮，以便检查头发飘动原动画画面的动作是否连贯或缺失，如发现问题，可做修改与调整，如图 2-17。

图 2-17

13. 调整头发飘动动画的播放速度。选择第 1 帧格后，右键选择 Add Exposure（增加律表）两次，以此类推，每一帧都播放 3 帧，如图 2-18。

图 2-18

14. 单击 Timeline，选中所有帧格，右键选择 Create Cycle，输入"5"，如图 2-19。

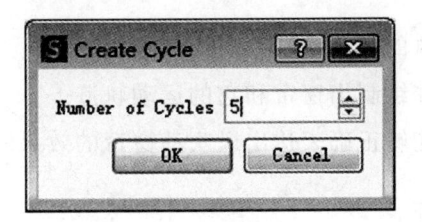

图 2-19

15. 按快捷键"Ctrl+Enter"输出头发飘动动画，并循环播放检查动画效果，如图 2-20。

16. 按快捷键"Ctrl+S"保存工程文件。

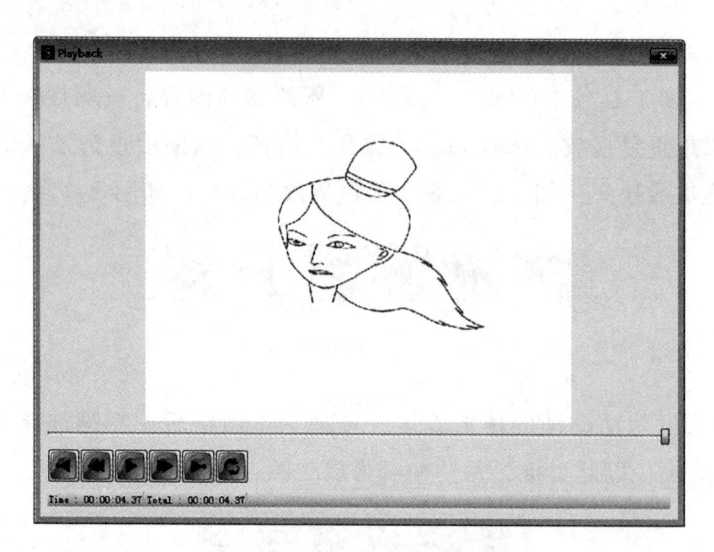

图 2-20

在动画片中，将需要风力强、风速快的大风、狂风、旋风等运动。例如，大风吹起地面上的纸屑、沙土、碎石，狂风猛烈地冲击茅屋、大树，旋风卷着空中的雪花、树叶等。

在表现这类现象时，可采用流线的表现方法。流线表现法是按照气流的运动方向、速度和形态，在画面中用笔画成疏密不等的流线，在流线范围内，画上被风卷起跟着气流一起运动的沙石、尘土、纸屑、树叶等物体。一般来说，用流线表现的风，速度都是偏快的，风势的走向和旋转的方向应当一致。制作一个完整的动作一般需要 16 格，但是开始和过程只需要 4 格即可，其余的时间都用在风消失的表现上。

项目拓展

项目名称：风吹动窗帘
项目要求：
1. 能够正确地选择风的表现手法。
2. 能够正确地设计并绘制出窗帘和它的运动轨迹。
3. 动画效果流畅，能够正确表达出风吹动窗帘的效果。

二、雨的动画制作

雨是从空中降落的水滴，雨的体积很小，呈倾斜角度降落，且速度较快。因此，只有当雨滴比较大或是距离我们眼睛比较近的时候，才能大致看清它的形态。在较多的情况下，眼中看到的雨，往往是由视觉暂留作用而形成的一条条细长的半透明的直线，所以，动画片中表现下雨的镜头，一般都是画一些长短不同的直线擦过画面。由于风经常伴随着它，雨不是垂直从空中降落，或是因为地球自身的运动，所以看到的雨点往往都是斜着落下来的。

项目三

项目名称：雨的动画制作

项目分析：下雨时，往往有一片比较广阔的雨区，为了表现远近透视的纵深感，可以分成三层来画。

1. 前层：画比较短粗的直线，夹杂着一些水点，每张动画之间距离较大，速度较快。

2. 中层：画粗细适中而较长的直线，较前层可画的稍密一些，每张动画之间的距离也比前层稍近一些，速度中等。

3. 后层：画细而密的直线，组成一片片表现较远的雨，每张动画之间的距离比中层更近，速度较慢。

4. 将前、中、后三层合在一起，就可表现出有远近层次的纵深感。雨丝不一定都平行，也可稍做变化。三层雨的不同速度，可通过距离大小和动画张数的多少来加以区别。

5. 雨的颜色，应根据背景色彩的深浅来定，一般使用中灰或浅灰，只需描线，不必上色。

项目目的：

1. 掌握落雨的表现手法。
2. 掌握雨的运动变化。
3. 学会调节 TBS 中 Brush、Pencil 或 Line 等工具的笔刷大小。
4. 学会使用 TBS 中 Brush、Pencil 或 Line 等工具绘制不同层次的雨水。
5. 了解下雨的表现法在动画片制作中的应用。

项目要求：

1. 能正确地绘制出雨水的运动轨迹。
2. 能正确地设计并绘制出雨滴的原画。
3. 能正确地绘制出下雨中间画。

制作方法与步骤：

1. 打开软件设置 Name（名字）>"下雨"，Format（镜头模式）>Most Recent，Frame Rate（帧频）>24，Camera Size（镜头画面的尺寸）>720×576，Create（创建）一个"下雨"的动画项目。

2. 使用 File（文件）>Save As（存储为）选择想要的位置保存该动画项目。存储此动画项目到一个新的位置以保证总有一个原始的备用文件存在。

3. 单击 Exposure Sheet（曝光表窗口）>Drawing（绘图元素）>第 1 帧格，然后点击 Drawing View（绘图视窗）。

4. 选择绘图工具。点击绘图工具 Brush（刷子）或 Pencil（铅笔），并在 Pen 面板上设置所需要画笔的大小。

5. 在 Drawing View（绘图视窗）或 Camera View（摄像机视窗）内绘制第一张前层雨原画，如图 2-21。

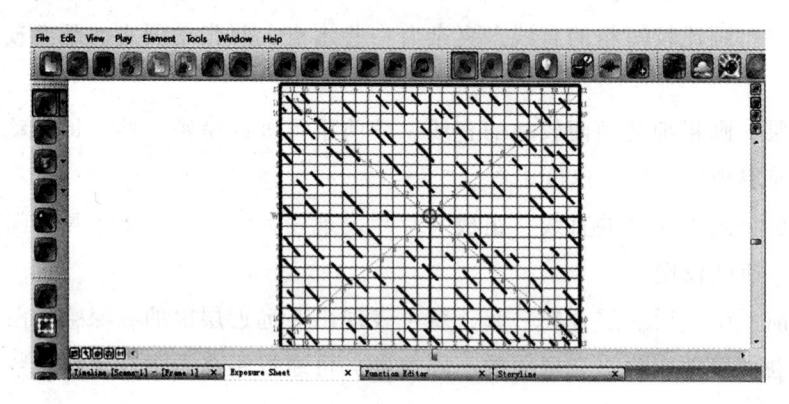

图 2-21

6. 单击第 2 帧格，在 Drawing View（绘图视窗）或 Camera View（摄像机视窗）内绘制第二张原画。画第二张原画时，可以将第一张复制后稍加修改。以此类推，可画出一组序列原画。在绘制过程中，在工具条中打开 Turn Onion Skin Off（洋葱皮显示）/上下各显示一帧，这样可以与前面的原画进行对比，如图 2-22。

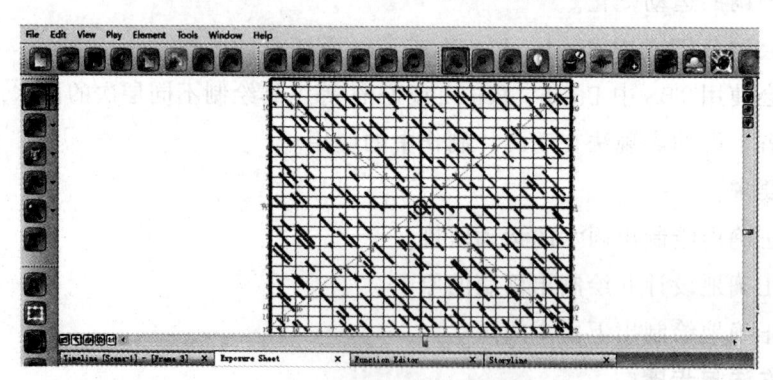

图 2-22

7. 单击第 3 帧格，绘制出前层雨的原画。

8. 单击 Drawing，添加 Drawing2，并在 Pen 面板上设置所需画笔的大小，分别在第 1、2、3 帧格中，绘制出中层雨的原画，如图 2-23。

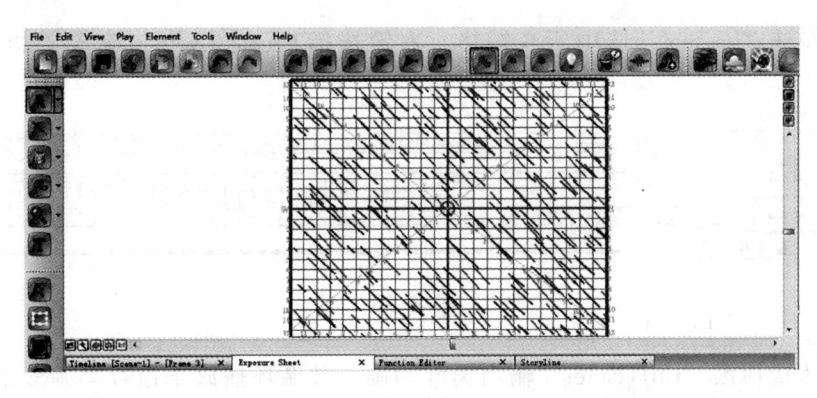

图 2-23

9. 单击 Drawing，添加 Drawing3，并在 Pen 面板上设置所需要画笔的大小，分别在第 1、2、3 帧格中，绘制出后层雨的原画，如图 2-24。

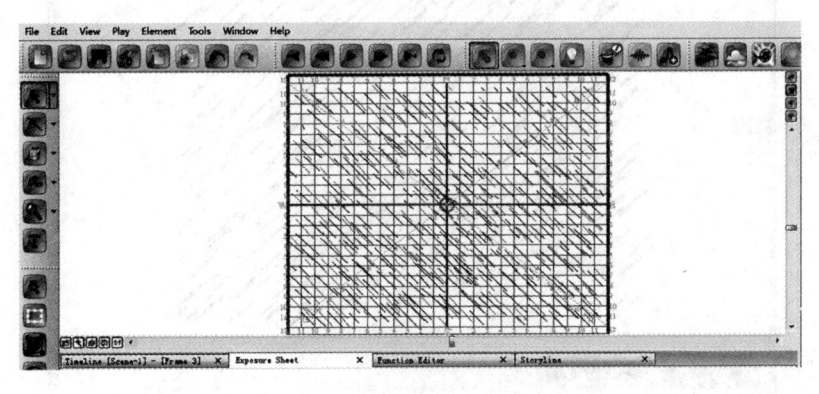

图 2-24

10. 调整下雨动画的播放速度。选择第 1 帧格后，右键选择 Add Exposure（增加律表），以此类推，每一帧都播放 2 帧，如图 2-25。

图 2-25

11. 单击 Timeline，选中所有帧格，右键选择 Create Cycle，输入"20"，如图 2-26。

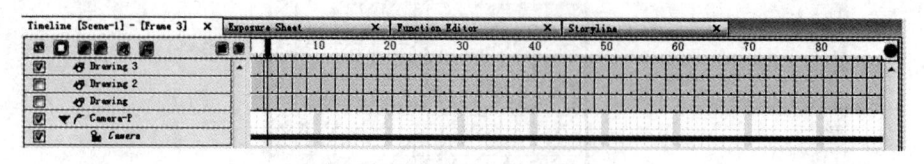

图 2-26

12. 按快捷键"Ctrl+Enter"输出树叶动画，并循环播放来检查动画效果，如图 2-27。

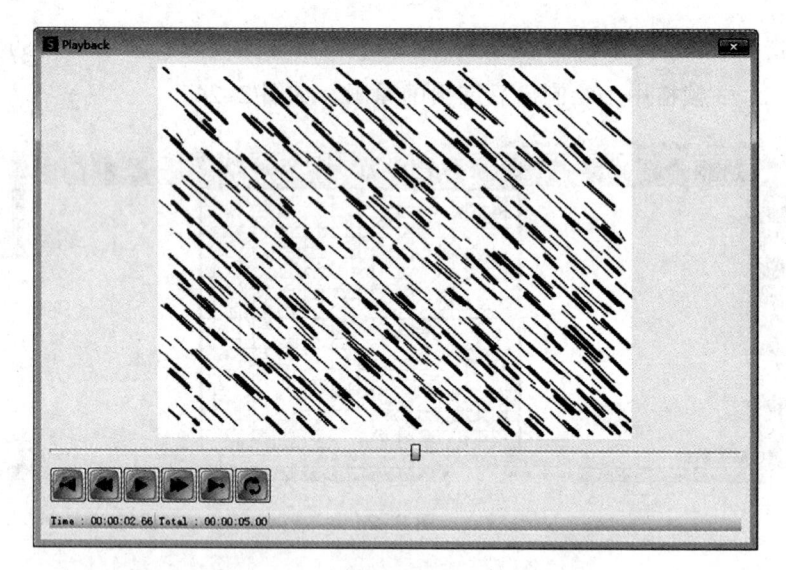

图 2-27

13. 按快捷键"Ctrl+S"保存工程文件。

三、闪电的动画制作

动画片中根据剧情的需要，为了渲染气氛，有时需要表现电闪雷鸣的效果。动画片表现闪电时，除了直接描绘天空中出现的光带以外，往往还要抓住闪电时的强烈闪光对四周景物的影响。

项目四

项目名称：暴雨中的闪电动画制作

项目分析：闪光带一般有两种画法，一种是树枝型，另一种是图案型。闪电从无到有再到消失大约七张动画，除第四张可拍 1 格或 2 格外，其余均拍 1 格。为了加强制作闪电效果，还可以调节背景的明暗变化。

项目目的：

1. 掌握闪光的表现手法。

2. 掌握闪光的运动变化。

3. 学会使用 TBS 中 Library（库）中的文件材料。

4. 学会使用 TBS 中 Erasar（橡皮擦）、Sissor（裁剪）等工具对 Library（库）图形进行修改。

5. 了解闪电的表现方法在动画片制作中的应用。

项目要求：

1. 能正确地设计并绘制出闪电的原画。

2. 能正确地绘制出闪电的中间画。

制作方法与步骤：

1. 打开软件设置 Name（名字）>"暴雨中的闪电"，Format（镜头模式）>Most Recent，Frame Rate（帧频）>24，Camera Size（镜头画面的尺寸）>720×576，Create 创建一个"暴雨中的闪电"的动画项目。

2. 使用 File（文件）>Save As（存储为）选择想要的位置保存该动画项目。存储此动画项目到一个新的位置以保证总有一个原始的备用文件存在。

3. 单击 Exposure Sheet（曝光表窗口）>Drawing（绘图元素）>第 7 帧格，然后点击 Drawing View（绘图视窗），如图 2-28。

图 2-28

4. 选择绘图工具。点击 Library（库），选择 Toon Boom Templates/Props/Lightning.tbt，直接将 Lightning（闪电）图形拖放到绘图区域，如图 2-29。

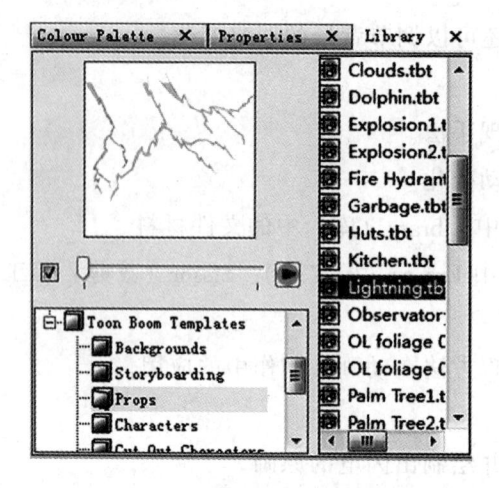

图2-29

5. 利用 Library（库），直接在 Drawing View（绘图视窗）得到闪电原画，如图2-30。

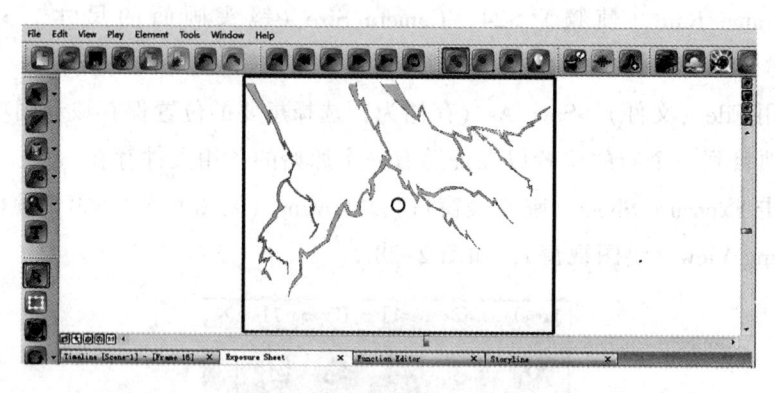

图2-30

6. 选择第6帧格，并在工具条中打开 Turn Onion Skin Off（洋葱皮显示）/上下各显示1帧。这样，第7帧画面会以轮廓形式显示出来，前后画面就能相互对照；在Drawing View（绘图视窗）或 Camera View（摄像机视窗）内绘制第五张闪电原画，以此类推，画出一组序列原画。在绘制过程中，前后原画之间的大小要参考规格框来规范它们的大小、位置关系，如图2-31。

7. 依次绘制出所有的原画。

8. 依次添加中间画，使其形成一个完整的循环。

9. 点击工具条中的 Play（播放），所绘制的内容将按顺序在 View（视窗）内播放。如果要重复播放，选择 Loop（循环）按钮，以便更加方便地检查闪电原动画画面的动作是否连贯或缺失，发现问题后可做修改与调整。

图 2-31

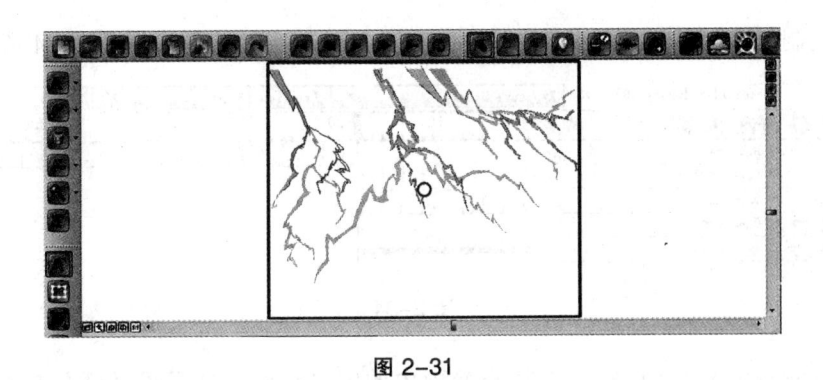

10. 调整闪电的播放速度。选择第 4 帧格后,右键选择 Add Exposure(增加律表),只有这一帧需要 2 帧(即一拍二),如图 2-32。

图 2-32

11. 单击 Drawing 按钮,添加 Drawing2,然后在第 11、13、15、17 帧格添加一个灰色矩形框覆盖整个绘图区域,形成四次明暗变化,如图 2-33。

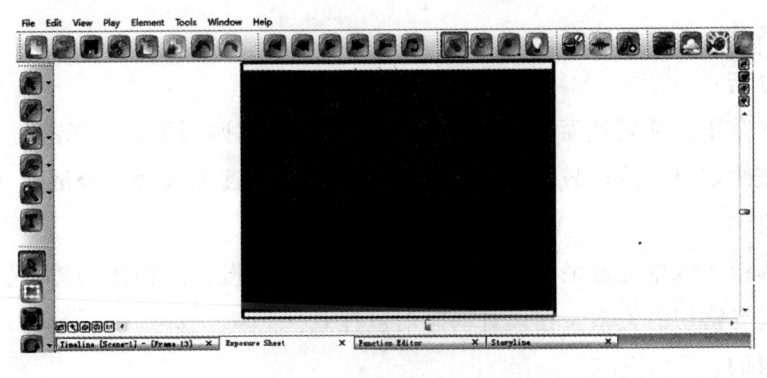

图 2-33

12. 单击 Drawing 按钮,添加 Drawing3,从第 18 帧格开始,将下雨效果的第三

63

层 Cell 复制过来。从 Timeline 窗口观察到的 Drawing 层次关系，如图 2-34 所示。

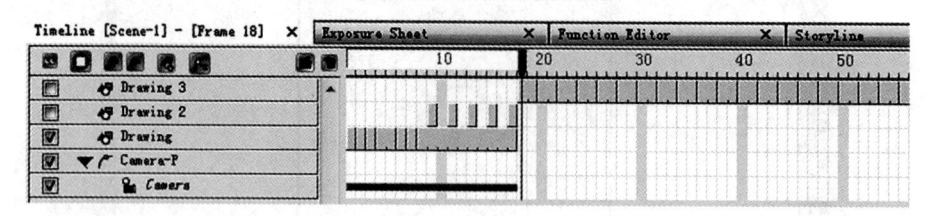

图 2-34

13. 按快捷键"Ctrl+Enter"输出暴雨中的闪电动画，并且循环播放检查动画效果。

14. 按快捷键"Ctrl+S"保存工程文件。

第二节　水运动形态的动画制作

水在动画片中也是经常出现的一种自然现象，水往低处流，这是水的基本运动规律。

水是液体，它的运动又是随着不同的环境和情景而发生变化，可以是一滴水珠，也可以是大海中的波涛。尽管水的形态因为环境不同而发生变化，但是，表现水的动画制作仍可以归纳为以下七种基本动态：聚合、分离、推进、"S"形变化、曲线形变化、扩散形变化和波浪花形变化。

项目一

项目名称：溅起的水花

项目分析：

1. 水滴落下，撞到地面（水面），溅起水花后，向四周扩散、降落。

2. 水花溅起时，速度较快，升至最高点时，速度逐渐减慢，分散落下时，速度又逐渐加快。

3. 物体落入水中溅起的水花，其大小、高低、快慢，与物体的体积、重量以及下降的速度有密切的关系，在设计动画时应注意。

项目目的：

1. 掌握水花溅起的绘制表现手法。

2. 掌握落下溅起的水花运动变化规律。

3. 会调节 TBS 中 Brush、Pencil 或 Line 等工具的笔刷大小。

4. 了解溅起水花的表现手法在动画片制作中的应用。

项目要求：

1. 能正确地设计并绘制出溅起的水花原画。

2. 能正确地绘制出溅起的水花中间画。

制作方法与步骤：

1. 打开软件设置 Name（名字）>"溅起的水花"，Format（镜头模式）>Most Recent，Frame Rate（帧频）>24，Camera Size（镜头画面的尺寸）>720×576，Create 创建一个"溅起的水花"的动画项目。

2. 使用 File（文件）>Save As（存储为）选择想要的位置保存该动画项目。存储此动画项目到一个新的位置以保证总有一个原始的备用文件存在。

3. 单击 Exposure Sheet（曝光表窗口）>Drawing（绘图元素）>第 1 帧格，然后点击 Drawing View（绘图视窗）。

4. 选择绘图工具。点击绘图工具 Brush（刷子）或 Pencil（铅笔），并在 Pen 面板上设置所需要画笔的大小。

5. 在 Drawing View（绘图视窗）或 Camera View（摄像机视窗）内绘制第一张溅起的水花原画，如图 2-35。

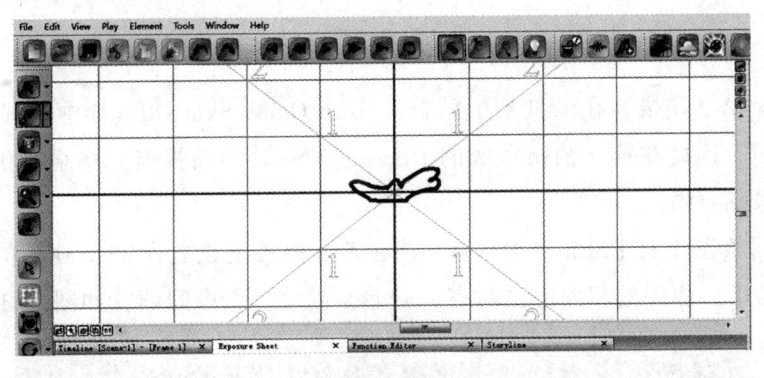

图 2-35

6. 单击第 3 帧格，并在工具条中打开 Turn Onion Skin Off（洋葱皮显示）/上下各显示 1 帧，第 1 帧画面会以红线轮廓形式显示出来，前后画面就能相互对照；在 Drawing View（绘图视窗）或 Camera View（摄像机视窗）内绘制第二张溅起的水花原画，以此类推，可画出一组序列原画。在绘制过程中，前后原画之间的大小要参考规格框来规范它们的大小、位置关系，如图 2-36。

7. 依次绘制出所有的原画。设置 Turn Onion Skin Off（洋葱皮显示）/上下各显示 3 帧，选中第 4 帧，观察到的效果如图 2-37 所示。

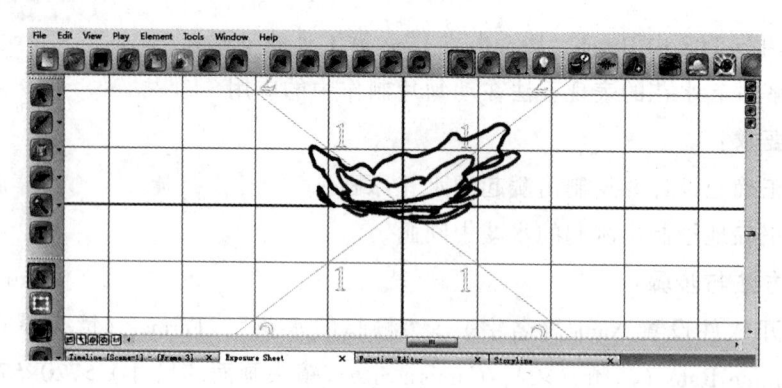

图 2-36

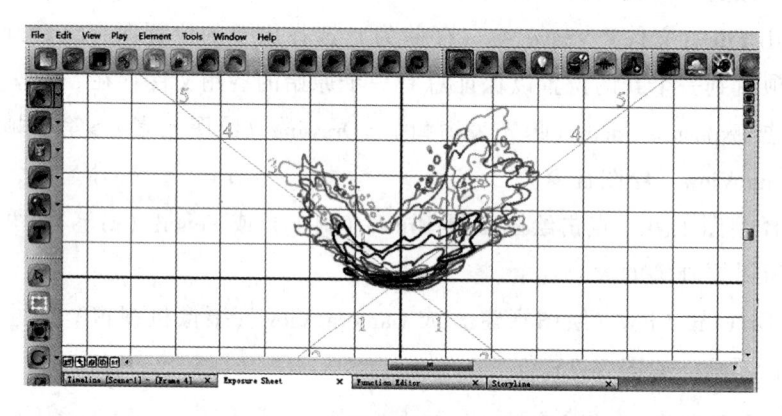

图 2-37

8. 选择第 2 帧格,在工具条中已打开 Turn Onion Skin Off（洋葱皮显示）/上下各显示 1 帧,因此在第 2 帧格所属的 Drawing View（绘图视窗）中显示出红、绿两幅溅起的水花原画。

9. 使用绘图工具 Brush 或 Pencil,并在 Pen 面板上设置所需要画笔的大小,把上一原画与下一原画的相同部位对齐,开始绘制第一张中间画,如图 2-38。

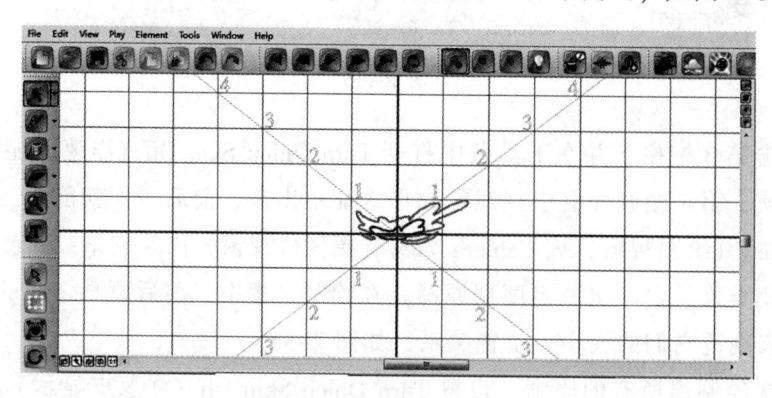

图 2-38

10. 依次添加中间画，使其形成一个完整的循环。

11. 点击主要工具条中的 Play（播放），所绘制的内容将按顺序在 View（视窗）内播放。如果想重复播放，选择 Loop（循环）按钮，以便更加方便地检查溅起的水花原动画画面的动作是否连贯或缺失。若发现溅起的水花消散的运动速度有点快，可做修改与调整。

12. 调整溅起的水花动画的播放速度。选择第 7 帧格，右键选择 Add Exposure（增加律表），以此类推，后面溅起的水花，每一画面都增加为 2 帧，如图 2-39。

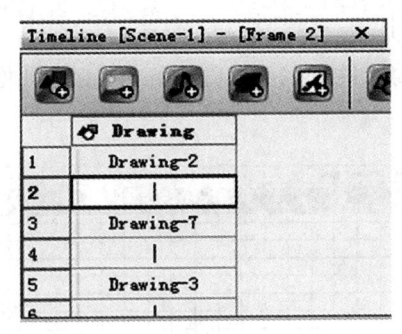

图 2-39

13. 按快捷键"Ctrl+Enter"输出溅起的水花动画，并循环播放检查动画效果。
14. 按快捷键"Ctrl+S"保存工程文件。

项目二

项目名称：水中的气泡

项目分析：鱼在水中游动时会吐气泡，水烧开时也会涌出大量的气泡，虽然水中的气泡上升，但形态各有不同，有的是一群群上升，有的是一串串上升；速度也不相同，有急有缓，但总体来说，气泡在水中上升都会有抖动现象。

项目目的：

1. 掌握水中的气泡的表现手法。
2. 掌握水中的气泡运动变化。
3. 掌握制作动画的流程。

项目要求：

1. 能正确地设计并绘制出水中气泡的原画。
2. 能正确地绘制出溅起的水中气泡的中间画。
3. 能设计并掌控水中气泡上升的节奏。

制作方法与步骤：

1. 打开软件设置 Name（名字）>"水中的气泡"，Format（镜头模式）>Most

Recent，Frame Rate（帧频）>24，Camera Size（镜头画面的尺寸）>720×576，Create 创建一个"水中的气泡"动画项目。

2. 使用 File（文件）>Save As（存储为）选择想要的位置保存该动画项目。存储此动画项目到一个新的位置以保证总有一个原始的备用文件存在。

3. 单击 Exposure Sheet（曝光表窗口）>Drawing（绘图元素）>第1帧格，然后点击 Drawing View（绘图视窗）。

4. 选择绘图工具。点击绘图工具 Brush（刷子）或 Pencil（铅笔），并在 Pen 面板上设置所需要画笔的大小。

5. 在 Drawing View（绘图视窗）或 Camera View（摄像机视窗）内绘制第一张气泡原画，如图2-40。

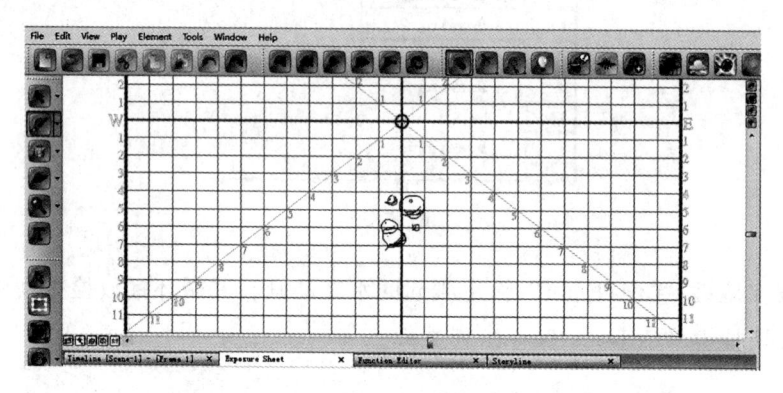

图 2-40

6. 单击第3帧格，并在工具条中打开 Turn Onion Skin Off（洋葱皮显示）/上下各显示1帧，第1帧画面会以红线轮廓形式显示出来，前后画面就能相互对照；在 Drawing View（绘图视窗）或 Camera View（摄像机视窗）内绘制第二张气泡原画，以此类推，可画出一组序列原画。在绘制过程中，前后原画之间要参考规格框来规范它们的大小、位置关系，如图2-41。

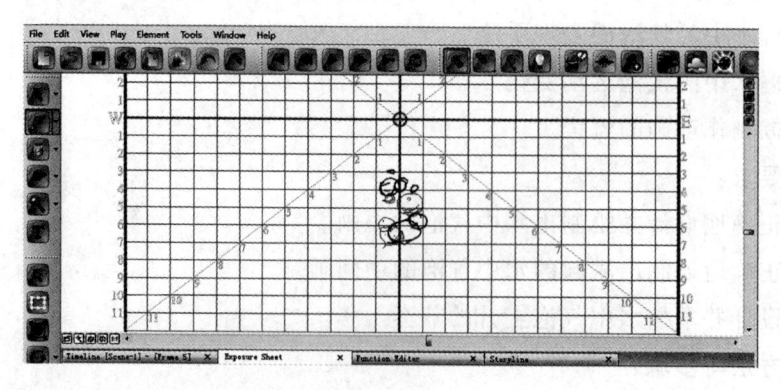

图 2-41

7. 依次绘制出所有的原画。设置 Turn Onion Skin Off（洋葱皮显示）/上下各显示三帧，选中第 4 帧，观察到的效果如图 2-42 所示。

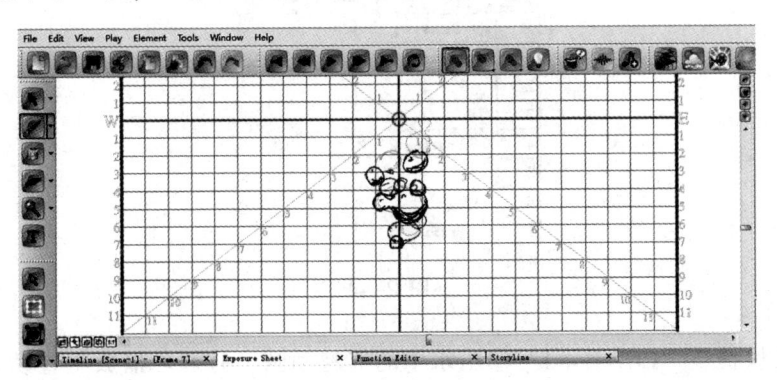

图 2-42

8. 选择第 2 帧格，在工具条中已打开 Turn Onion Skin Off（洋葱皮显示）/上下各显示一帧，因此在第 2 帧格所属的 Drawing View（绘图视窗）中显示出红、绿两幅气泡原画。

9. 使用绘图工具 Brush 或 Pencil，并在 Pen 面板上设置所需画笔的大小，把上一原画与下一原画的相同部位对齐，开始绘制第一张中间画，如图 2-43。

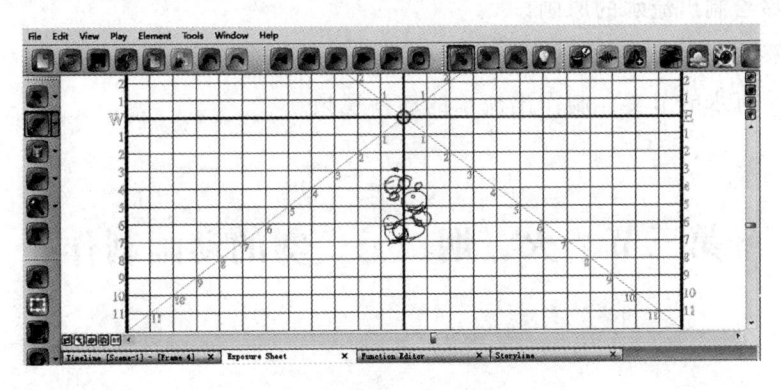

图 2-43

10. 依次添加中间画，使其形成一个完整的循环。

11. 点击主要工具条中的 Play（播放），所绘制的内容将按顺序在 View（视窗）内播放。如果想重复播放，选择 Loop（循环）按钮，以便更加方便地检查轻烟原动画画面的动作是否连贯或缺失，若发现水气泡的运动速度有点快，可做修改与调整。

12. 调整水中的气泡动画的播放速度。选择第 7 帧格，右键选择 Add Exposure（增加律表），以此类推，后面烟雾的消散，每一画面都播放 3 帧，如图 2-44。

图 2-44

13. 按快捷键"Ctrl+Enter"输出水中的气泡动画,并循环播放检查动画效果。
14. 按快捷键"Ctrl+S"保存工程文件。

项目拓展

项目名称:缓缓流水的动画制作
项目要求:
1. 设计出正确的流水运动的表现方法。
2. 能够绘制出流水的原画。
3. 能够绘制出流水的中间画。
4. 控制流水的节奏,制作出流水的动画视频。

第三节 火、烟、云、雾的动画制作

一、火的动画制作

火与人类生活密切相关,是动画作品中经常表现的一种自然现象。火焰除了燃烧过程中发生、发展、熄灭而不断变化其形态之外,由于受到气流强弱变化的影响,还会出现不规则的曲线运动。火有七种基本形态:扩张、收缩、摇晃、上升、下收、分离、消失,这七种形态交织组合起来,就是火的变化效果。

项目名称:燃烧的火焰动画制作
项目分析:火焰有大火、小火和小火苗。小火苗的动作特点是琐碎、跳跃、变化多;稍微大一点的火焰实际上是由几个小火苗组成的。

项目目的：

1. 掌握火焰动画的表现手法。

2. 学会使用 TBS 中 Add Exposure（增加律表）、Turn Onion Skin Off（洋葱皮显示）等命令。

3. 能够根据火焰的变化，绘制出火焰的运动效果。

4. 了解火的运动表现手法在动画片制作中的应用。

项目要求：

1. 能正确地设计出火焰的原画。

2. 能正确地设计出火焰的整体外形、动作变化及节奏。

3. 能正确地设计并绘制出大火焰中每一组小火苗的动作变化。

制作方法与步骤：

1. 打开软件设置 Name（名字）>"燃烧的火焰"，Format（镜头模式）>Most Recent，Frame Rate（帧频）>24，Camera Size（镜头画面的尺寸）>720×576，Create 创建一个"燃烧的火焰"的动画项目。

2. 使用 File（文件）>Save As（存储为）选择想要的位置保存该动画项目。存储此动画项目到一个新的位置以保证总有一个原始的备用文件存在。

3. 单击 Exposure Sheet（曝光表窗口）>Drawing（绘图元素）>第 1 帧格，然后点击 Drawing View（绘图视窗）。

4. 选择绘图工具。点击绘图工具 Brush（刷子）或 Pencil（铅笔），并在 Pen 面板上设置所需要画笔的大小。

5. 在 Drawing View（绘图视窗）或 Camera View（摄像机视窗）内绘制第一张火焰原画，如图 2-45。

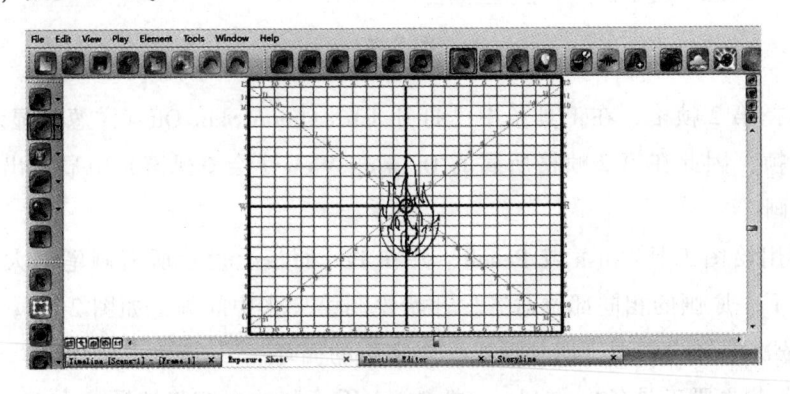

图 2-45

6. 单击第 3 帧格，并在工具条中打开 Turn Onion Skin Off（洋葱皮显示）/上下各显示 1 帧，第 1 帧画面会以红线轮廓形式显示出来，前后画面就能相互对照；在

Drawing View（绘图视窗）或 Camera View（摄像机视窗）内绘制第二张火焰原画，以此类推，可画出一组序列原画。在绘制过程中，前后原画之间要参考规格框来规范它们的大小、位置关系，如图 2-46 所示。

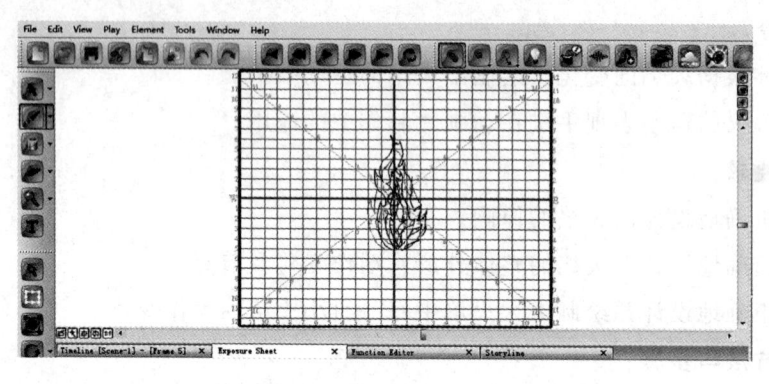

图 2-46

7. 依次绘制出所有的原画。设置 Turn Onion Skin Off（洋葱皮显示）/上下各显示 3 帧，选中第 4 帧，观察到的效果如图 2-47 所示。

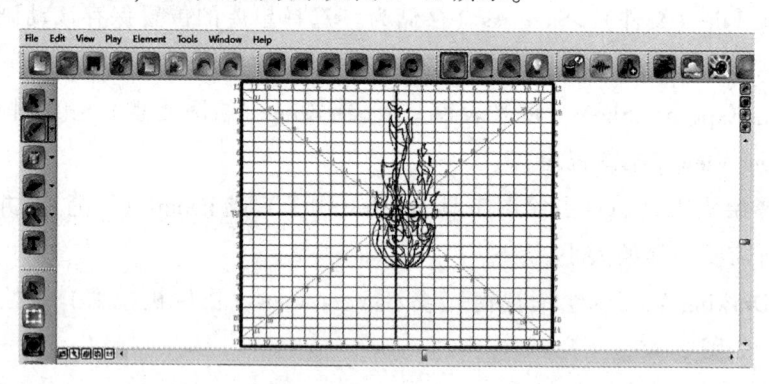

图 2-47

8. 选择第 2 帧格，在工具条中已打开 Turn Onion Skin Off（洋葱皮显示）/上下各显示 1 帧，因此在第 2 帧格所属的 Drawing View（绘图视窗）中显示出红、绿两幅火焰原画。

9. 使用绘图工具 Brush 或 Pencil，并在 Pen 面板上设置所需画笔的大小，把上一原画与下一原画的相同部位对齐，开始绘制第一张中间画，如图 2-48 所示。

10. 依次添加中间画，使其形成一个完整的循环。

11. 点击主要工具条中的 Play（播放），所绘制的内容将按顺序在 View（视窗）内播放。如果想重复播放，选择 Loop（循环）按钮，以便更加方便地检查燃烧的火焰原动画画面的动作是否连贯或缺失，对燃烧的火焰运动速度的快慢，可做修改与调整。

12. 调整动画的播放速度，可选择帧格数量的变化，即每一画面可以是 2、3、或 4 帧数量变化。

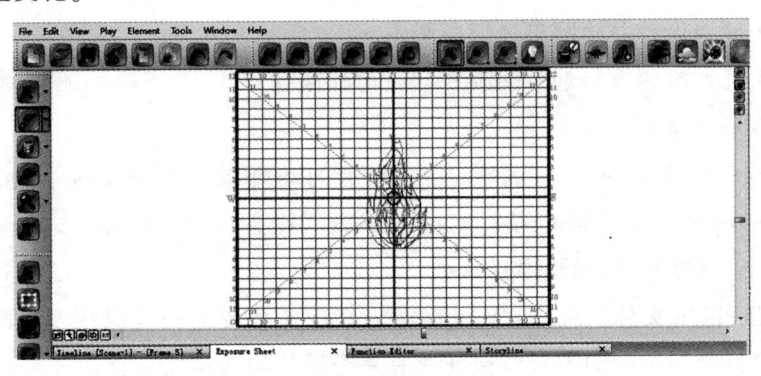

图 2-48

13. 按快捷键"Ctrl+Enter"输出动画，并循环播放检查动画效果。
14. 按快捷键"Ctrl+S"保存工程文件。

二、烟的动画制作

通常所说的烟是可燃烧物质在燃烧时产生的气状物体，物理上算是粉尘颗粒物，因为重量很轻，可以飘在空气中。一般情况下，烟的边缘比较清晰，在空气中扩散较慢，又由于形成烟的可燃烧物质成分不同，所以会有轻重、浓淡和颜色的差别。大烟囱或者蒸汽火车头排出的烟气，通常成团状，且颜色深，给人厚重、浓密的感觉，这就是浓烟。冒浓烟时，会看到它们成团状从排气口中冲出，而尾部则会分散成小团，然后消失。

项目名称：烟的动画制作
项目分析：
1. 香烟或者蚊香等物质燃烧时，会产生轻而薄的缕缕轻烟。
2. 采用带状和线状来表现轻烟的形态。
3. 轻烟的外形运动和变化状态通常包括拉长、摇曳、弯曲、分离、变细、消失等。
4. 轻烟呈 S 型上升，其尾部逐渐变宽变薄，动作比较柔和。

项目目的：
1. 掌握使用线条表现轻烟、浓烟变化的手法。
2. 掌握轻烟的运动变化，注意观察浓烟的运动变化。
3. 学会调节 TBS 中 Brush、Pencil 或 Line 等工具的笔刷大小来表现轻、浓烟的效果。

4. 掌握轻烟的绘制。

项目要求：

1. 能正确地绘制出轻烟上升的运动轨迹。

2. 能正确地设计并绘制出轻烟原画。

3. 能正确地绘制出轻烟中间画并合成动画视频。

制作方法与步骤：

1. 打开软件设置 Name（名字）>"轻烟的动画制作"，Format（镜头模式）>Custom，Frame Rate（帧频）>24，Camera Size（镜头画面的尺寸）>720×576，Create 创建一个"轻烟"的动画项目。

2. 使用 File（文件）>Save As（存储为）选择想要的位置保存该动画项目。存储此动画项目到一个新的位置以保证总有一个原始的备用文件存在。

3. 单击 Exposure Sheet（曝光表窗口）>Drawing（绘图元素）>第1帧格，然后点击 Drawing View（绘图视窗）。

4. 选择绘图工具：点击绘图工具 Brush（刷子）或 Pencil（铅笔），并在 Pen 面板上设置所需要画笔的大小。

5. 在 Drawing View（绘图视窗）或 Camera View（摄像机视窗）内绘制第一张轻烟原画，如图 2-49。

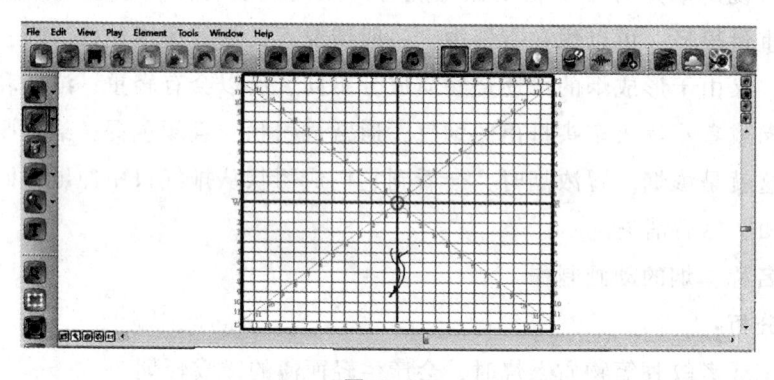

图 2-49

6. 单击第3帧格，并在工具条中打开 Turn Onion Skin Off（洋葱皮显示）/上下各显示1帧，第1帧画面会以红线轮廓的形式显示出来，前后画面就能相互对照；在 Drawing View（绘图视窗）或 Camera View（摄像机视窗）内绘制第二张轻烟原画，以此类推，可画出一组序列原画。在绘制过程中，前后原画之间要参考规格框来规范它们的大小、位置关系，如图 2-50。

7. 依次绘制出所有的原画。设置 Turn Onion Skin Off（洋葱皮显示）/上下各显示3帧，选中第4帧，观察到的效果如图 2-51。

8. 选择第 2 帧格，在工具条中已打开 Turn Onion Skin Off（洋葱皮显示）/上下各显示 1 帧，因此在第 2 帧格所属的 Drawing View（绘图视窗）中显示出红、绿两幅轻烟原画。

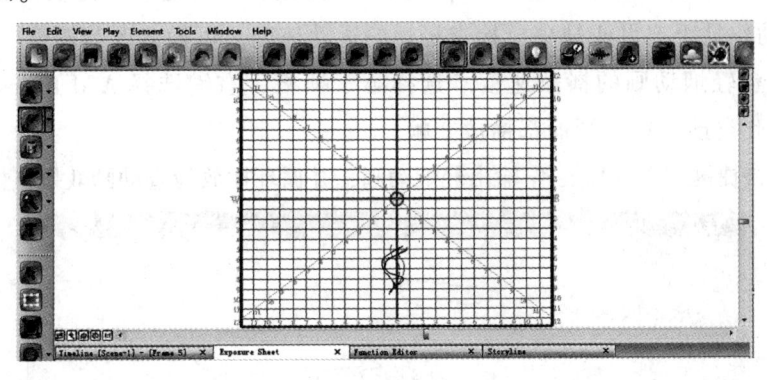

图 2-50

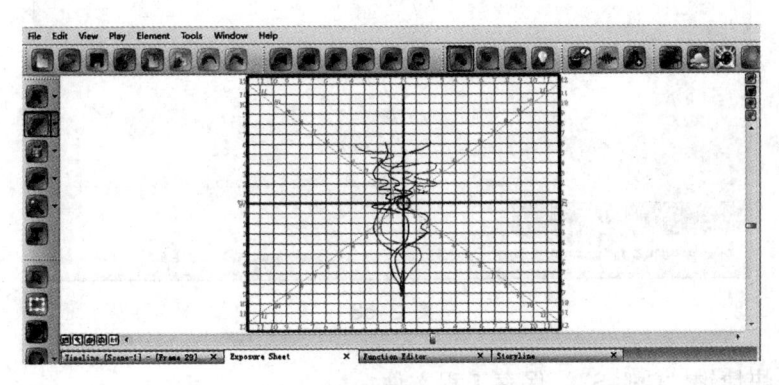

图 2-51

9. 使用绘图工具 Brush 或 Pencil，并在 Pen 面板上设置所需要画笔的大小，把上一原画与下一原画的相同部位对齐，开始绘制第一张中间画，如图 2-52。

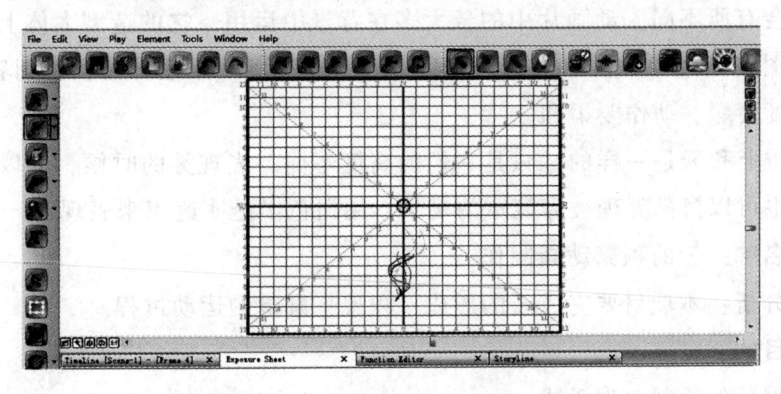

图 2-52

10. 依次添加中间画，使其形成一个完整的循环。

11. 点击主要工具条中的 Play（播放），所绘制的内容将按顺序在 View（视窗）内播放。如果想重复播放，选择 Loop（循环）按钮，以便更加方便地检查轻烟原画画面的动作是否连贯或缺失，检查轻烟的运动速度，可做修改与调整。

12. 调整轻烟动画的播放速度。选择第 1 帧格，右键选择 Add Exposure（增加律表），以此类推，每一画面都播放 3 帧。

13. 按快捷键"Ctrl+Enter"输出轻烟动画，并循环播放检查动画效果，如图 2-53。

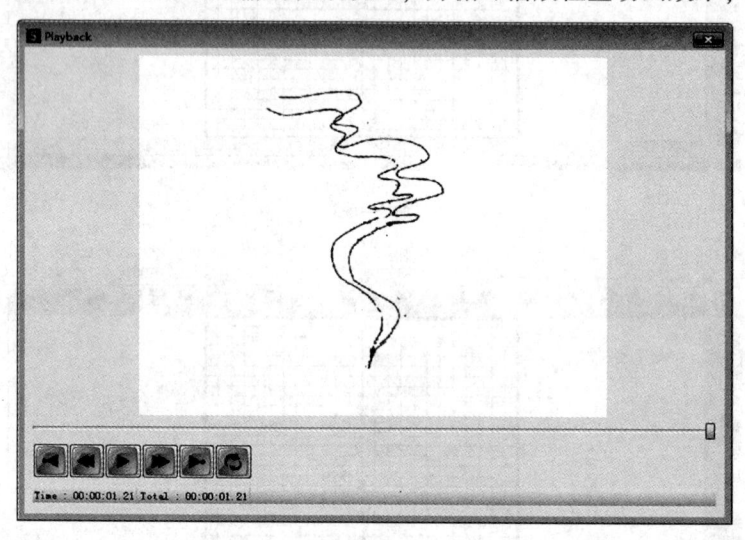

图 2-53

14. 按快捷键"Ctrl+S"，保存工程文件。

三、云、雾的动画制作

云是悬浮于空中的水汽凝结成的小水滴和冰晶，由于产生凝结的条件不同，云的外形也会有所不同。动画片中的云大多在背景中运用，它的造型大体上分为写实型和装饰图案型两种。设计云的运动时，云的外形要不停地变化，否则容易呆板，但运动速度要缓，动作要柔和。

雾实质上和云是一样的，只是它们的高度不同。表现雾的时候，可以把雾处理成带状，也可以模糊处理被雾笼罩的场景，用白色半透明遮盖来表现。

项目名称： 云的积聚动画制作

项目分析： 本项目要完成云的形成、积聚、翻滚的运动过程。

项目目的：

1. 掌握云的绘制表现手法。

2. 掌握云聚集的运动变化规律。

3. 学会使用 TBS 中 Brush、Pencil 或 Ellipse 等工具绘制浓烟形状。

4. 了解云的表现法在动画片制作中的应用。

项目要求：

1. 能正确地设计出云积聚时外形的变化。

2. 能正确地设计并绘制出云积聚的原画。

3. 能正确地绘制出云积聚的中间画。

4. 能够合成云聚集运动的动画视频。

制作方法与步骤：

1. 打开软件设置 Name（名字）>"云的积聚动画制作"，Format（镜头模式）>Custom，Frame Rate（帧频）>24，Camera Size（镜头画面的尺寸）>720×576，Create 创建一个"云积聚"的动画项目。

2. 使用 File（文件）>Save As（存储为）选择想要保存该动画项目的位置。存储此动画项目到一个新的位置以保证总有一个原始的备用文件存在。

3. 单击 Exposure Sheet（曝光表窗口）>Drawing（绘图元素）>第 1 帧格，然后点击 Drawing View（绘图视窗）。

4. 选择绘图工具：点击绘图工具 Brush（刷子）或 Pencil（铅笔），并在 Pen 面板上设置所需画笔的大小。

5. 在 Drawing View（绘图视窗）或 Camera View（摄像机视窗）内绘制第一张云积聚原画，如图 2-54。

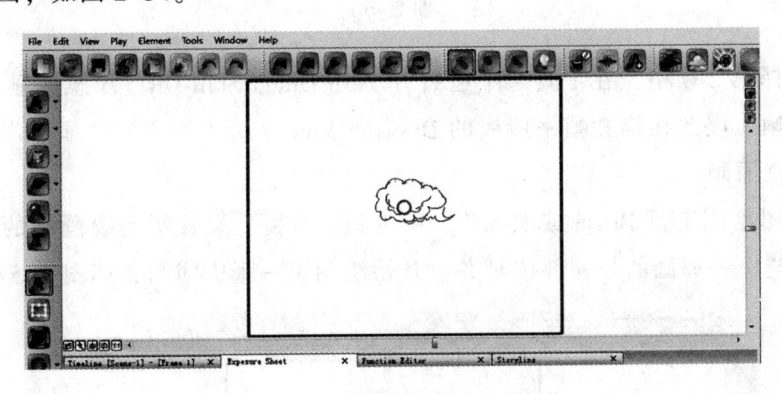

图 2-54

6. 单击第 3 帧格，并在工具条中打开 Turn Onion Skin Off（洋葱皮显示）/上下各显示 1 帧，第 1 帧画面会以红线轮廓形式显示出来，前后画面就能相互对照；在 Drawing View（绘图视窗）或 Camera View（摄像机视窗）内绘制第二张云的积聚原画，以此类推，可画出一组序列原画。在绘制过程中，前后原画之间要参考规格框来规范它们的大小、位置关系，如图 2-55。

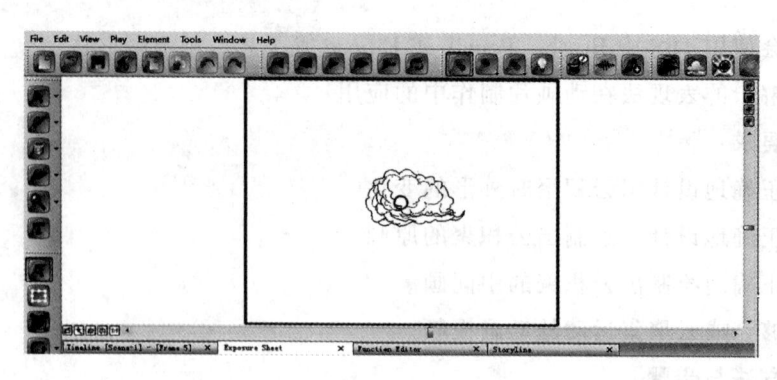

图 2-55

7. 依次绘制出所有的原画。设置 Turn Onion Skin Off（洋葱皮显示）/上下各显示 3 帧，选中第 5 帧，观察到的效果如图 2-56 所示。

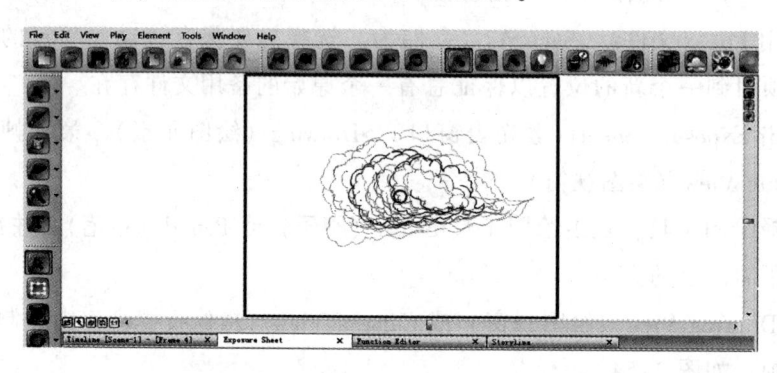

图 2-56

8. 选择第 2 帧格，在工具条中已打开 Turn Onion Skin Off（洋葱皮显示）/上下各显示 1 帧，因此在第 2 帧格所属的 Drawing View（绘图视窗）中显示出红、绿两幅云的积聚原画。

9. 使用绘图工具 Brush 或 Pencil，并在 Pen 面板上设置所需要画笔的大小，把上一原画与下一原画的相同部位对齐，开始绘制第一张中间画，如图 2-57。

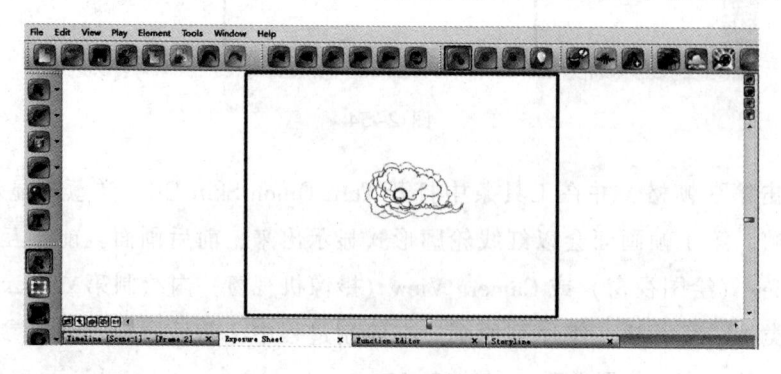

图 2-57

10. 依次添加中间画，使其形成一个完整的循环。

11. 点击主要工具条中的 Play（播放），所绘制的内容将按顺序在 View（视窗）内播放。如果想重复播放，选择 Loop（循环）按钮，以便更加方便地检查云的积聚原动画画面的动作是否连贯与缺失，检查云的积聚的运动速度，可做修改与调整。

12. 调整云的积聚动画的播放速度。选择第 7 帧格，右键选择 Add Exposure（增加律表），以此类推，每一画面都播放 3 帧。

13. 按快捷键"Ctrl+Enter"输出云聚集运动动画，并循环播放检查动画运动效果，并做修改，如图 2-58。

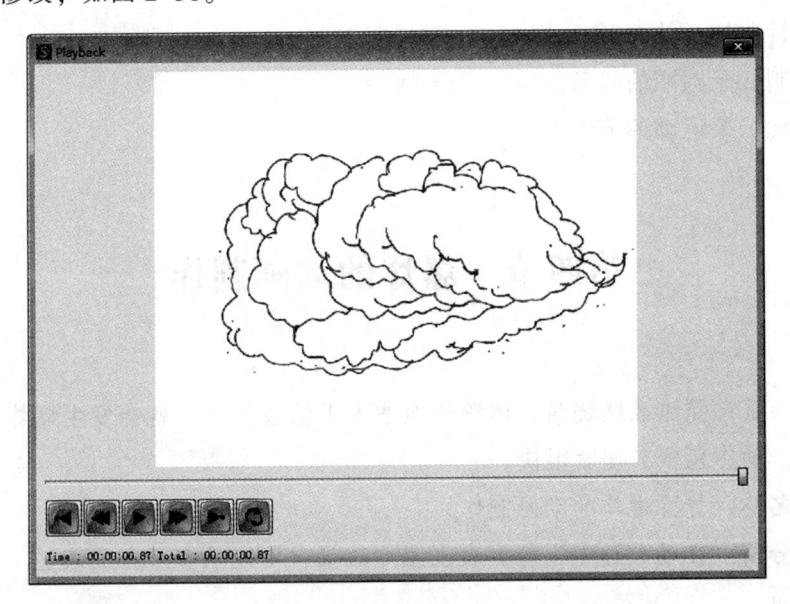

图 2-58

14. 按快捷键"Ctrl+S"保存工程文件。

项目拓展一：

项目名称：燃烧的蜡烛动画制作

项目要求：

1. 能正确地设计并绘制出蜡烛的燃烧的原画。
2. 能正确地绘制出蜡烛燃烧的中间画。
3. 控制蜡烛燃烧的节奏并制作出流畅、完整的动画视频。

项目拓展二：

项目名称：浓烟消散的动画制作

项目要求：

1. 能根据浓烟消散的运动变化规律，设计并绘制出浓烟消散的原画。
2. 能绘制出浓烟消散的中间画。
3. 根据浓烟消散节奏，制作浓烟的动画视频。

项目拓展三：

项目名称：装饰云朵的运动动画制作

项目要求：

1. 设计装饰云朵的形状。
2. 绘制云朵圆顺的线条。
3. 把握云朵运动的节奏。

第四节 爆炸的动画制作

有些物质在受热或燃烧时，体积忽然增大千倍以上时，就会发生爆炸。爆炸是突发性的，动作猛烈，速度很快。

项目名称：炸弹爆炸的动画制作

项目分析：在动画片中，想要表现爆炸效果，可以从多个方面表达。主要有以下几个方面。

1. 强烈的闪光。

强烈的闪光过程很短，一般只需8~12格（1/3~1/2秒），大体上有下列三种表现方法：

（1）用深淡差别很大的两种色彩的突变来表现闪光的强烈效果；这种方法与表现闪电的方法类似。

（2）放射形闪光出现后，从中心撕裂、迸散，也可表现出闪光的强烈效果。

（3）用扇形扩散的方法表现闪光可分成浓淡几个层次。由于爆炸物所含的成分不同，闪光色彩各异，有白色、黄色、兰紫色，等等。

2. 被炸得飞起来的物体。

3. 爆炸时产生的烟雾。

项目目的：

1. 掌握炸弹的常用表现手法。

2. 掌握炸弹爆炸的运动变化规律。

3. 能够绘制爆炸产生的烟雾。

4. 能根据爆炸的表现手法，绘制出炸弹爆炸的运动效果。

5. 掌握炸弹爆炸的表现方法在动画片制作中的应用。

项目要求：

1. 能正确地选择炸弹爆炸的表现方式。

2. 能正确地设计并绘制出炸弹爆炸原画的中间画。

3. 能正确控制炸弹爆炸的节奏。

制作方法与步骤：

1. 打开软件设置 Name（名字）>"炸弹爆炸的动画制作"，Format（镜头模式）>Custom，Frame Rate（帧频）>24，Camera Size（镜头画面的尺寸）>720×576，Create 创建一个"炸弹爆炸"的动画项目。

2. 使用 File（文件）>Save As（存储为）选择想要的位置保存该动画项目。存储此动画项目到一个新的位置以保证总有一个原始的备用文件存在。

3. 单击 Exposure Sheet（曝光表窗口）>Drawing（绘图元素）>第1帧格，然后点击 Drawing View（绘图视窗）。

4. 选择绘图工具。点击绘图工具 Brush（刷子）或 Pencil（铅笔），并在 Pen 面板上设置所需要画笔的大小。

5. 在 Drawing View（绘图视窗）或 Camera View（摄像机视窗）内绘制第一张炸弹爆炸原画，如图2-59。

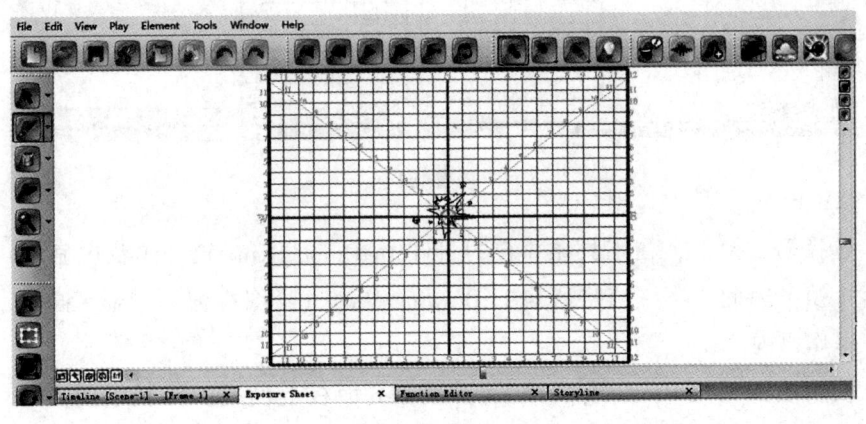

图 2-59

6. 单击第3帧格，并在工具条中打开 Turn Onion Skin Off（洋葱皮显示）/上下各显示1帧，第1帧画面会以红线轮廓的形式显示出来，前后画面就能相互对照；在 Drawing View（绘图视窗）或 Camera View（摄像机视窗）内绘制第二张炸弹爆炸原画。以此类推，可画出一组序列原画。在绘制过程中，前后原画之间要参考规格框来规范它们的大小、位置关系，如图2-60。

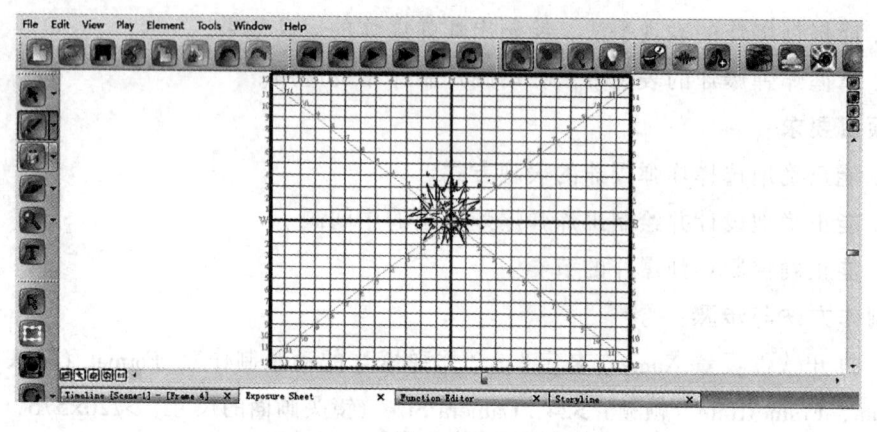

图 2-60

7. 依次绘制出所有的原画。设置Turn Onion Skin Off（洋葱皮显示）/上下各显示3帧，选中第4帧，观察到的效果如图2-61所示。

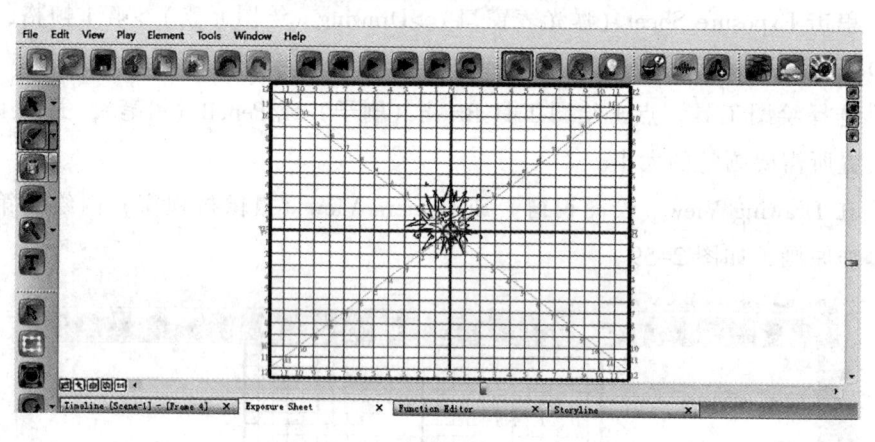

图 2-61

8. 选择第2帧格，在工具条中已打开Turn Onion Skin Off（洋葱皮显示）/上下各显示1帧，因此在第2帧格所属的Drawing View（绘图视窗）中显示出红、绿两幅炸弹爆炸原画。

9. 使用绘图工具Brush或Pencil，并在Pen面板上设置所需画笔的大小，把上一原画与下一原画的相同部位对齐，开始绘制第一张中间画，如图2-62。

10. 依次添加中间画，使其形成一个完整的循环。

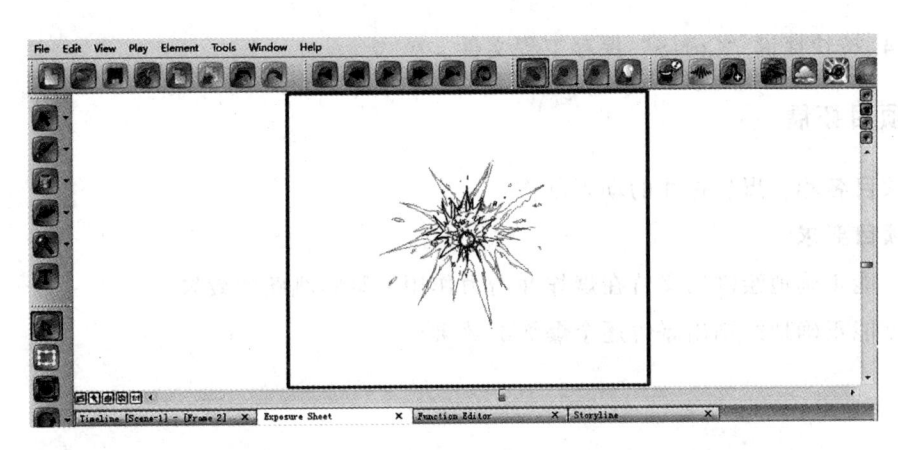

图 2-62

11. 点击主要工具条中的 Play（播放），所绘制的内容将按顺序在 View（视窗）内播放。如果想重复播放，选择 Loop（循环）按钮，以便更加方便地检查炸弹爆炸原动画画面的动作是否连贯或缺失，检查炸弹爆炸后烟雾消散的运动速度，可做修改与调整。

12. 调整炸弹爆炸动画的播放速度。由于爆炸发生速度很快，而其引起的烟雾消散过程则会相对较慢，所以，选择第 7 帧格，右键选择 Add Exposure（增加律表），以此类推，后面烟雾的消散，每 1 帧都播放 4 帧。

13. 按快捷键"Ctrl+Enter"输出炸弹爆炸动画，并循环播放检查动画效果，修改后完成动画制作，如图 2-63。

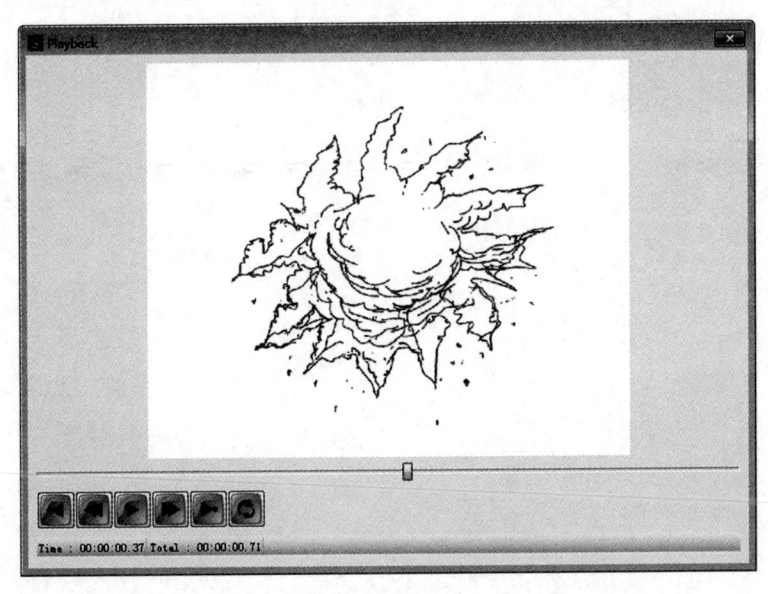

图 2-63

14. 按快捷键"Ctrl+S"保存工程文件。

项目拓展

项目名称： 爆竹爆炸的动画制作

项目要求：

1. 能正确地绘制出爆竹在爆炸冲击力作用下翻转跳跃的效果。
2. 能正确地绘制出爆竹逐个爆炸的效果。

第三章　动物的动画制作

在以动物为角色的动画片中，动物的角色虽然以拟人化的形象出现，有些动作也是模拟人的动作，但大多数还是保持着动物本身的形象，本章节讲解的就是利用软件 TBS 制作各类动物的动画案例。

第一节　昆虫、爬行类动画制作

一、昆虫的动画制作

昆虫属无骨骼的节肢动物，构造基本分为头部、身体、尾部三部分，胸部有胸足三对。其中苍蝇有一对翅膀；蜜蜂、蜻蜓、蝴蝶有两对翅膀；甲虫的膜翅外层还覆盖一对鞘翅；蚱蜢、螳螂、蝗虫的外层翅狭长、硬化，里层翅呈膜质。昆虫的爬行大致是靠两对前脚与一对后脚做相对运动来进行的。

下面以在 TBS 中绘制昆虫飞行时的动画和爬行时的动画制作为案例进行讲解。

项目一

项目名称：蝴蝶飞舞

项目目的：通过对本项目的学习，使读者能应用 TBS 设计与制作动画场景，掌握基本的二维动画制作的知识，通过 TBS 完成简单的"蝴蝶飞"的动画效果。

项目分析：昆虫飞行时，翅膀上下飞动，由于飞行时振动频率较高，只需一虚一实两张原画，不用加动画，可在翅边加些流线及残影来表现速度快。而蝴蝶体轻、翅大，受空气阻力大，翅膀扇动频率较慢，因此要画两张原画，再加两张动画即可。

项目要求：掌握 PEG 运动路径的使用方法及其规律。

项目步骤：

1. 打开软件设置 Name（名字）>"蝴蝶飞"，Format（镜头模式）>Custom，Frame Rate（帧频）>24，Camera Size（镜头画面的尺寸）>720×576，Create（创建）一个"蝴蝶飞"的动画项目。

2. 使用 File（文件）>Save As（存储为）选择想要的位置保存该动画项目。存储此动画项目到一个新的位置以保证总有一个原始的备用文件存在。

3. 单击 Exposure Sheet（曝光表窗口）>Drawing（绘图元素）>第1帧格，然后点击 Drawing View（绘图视窗）。

4. 选择绘图工具：点击绘图工具 Brush（刷子）或 Pencil（铅笔），并在 Pen 面板上设置所需要画笔的大小。

5. 在 Drawing View（绘图视窗）或 Camera View（摄像机视窗）内绘制第一张蝴蝶原画，如图3-1。

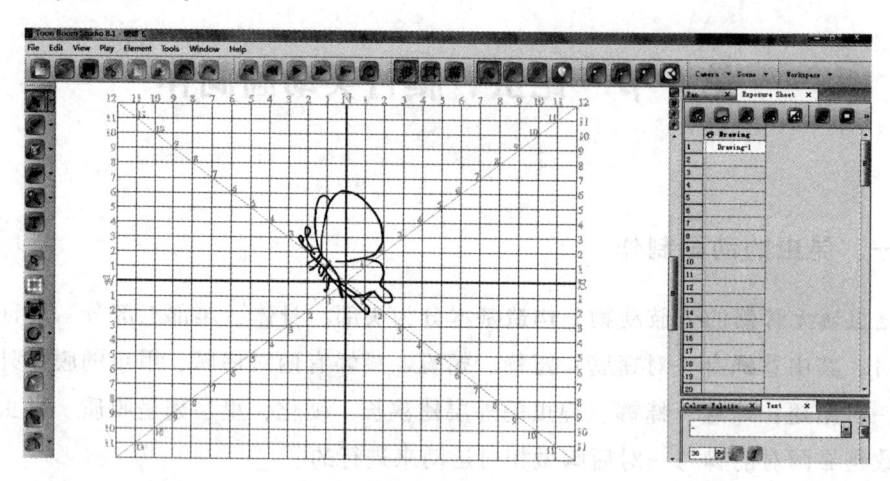

图 3-1

6. 单击第3帧格，并在工具条中打开 Turn Onion Skin Off（洋葱皮显示）/上下各显示1帧，第1帧画面会以红线轮廓的形式显示出来，前后画面就能相互对照，在 Drawing View（绘图视窗）或 Camera View（摄像机视窗）内绘制第二张蝴蝶原画。以此类推，可画出一组序列原画。在绘制过程中，前后原画之间要参考规格框来规范它们的大小、位置关系，如图3-2。

7. 选择第2帧格，在工具条中已打开 Turn Onion Skin Off（洋葱皮显示）/上下各显示1帧，因此在第2帧格所属的 Drawing View（绘图视窗）中显示出红、绿两幅蝴蝶原画。

8. 使用绘图工具 Brush 或 Pencil，并在 Pen 面板上设置所需要画笔的大小，把上一原画与下一原画的相同部位对齐，开始绘制第一张中间画，如图3-3。

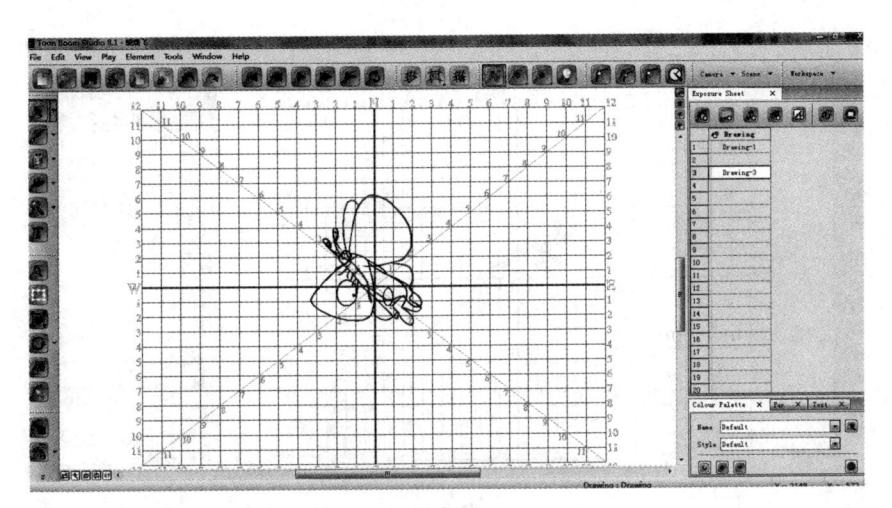

图 3-2

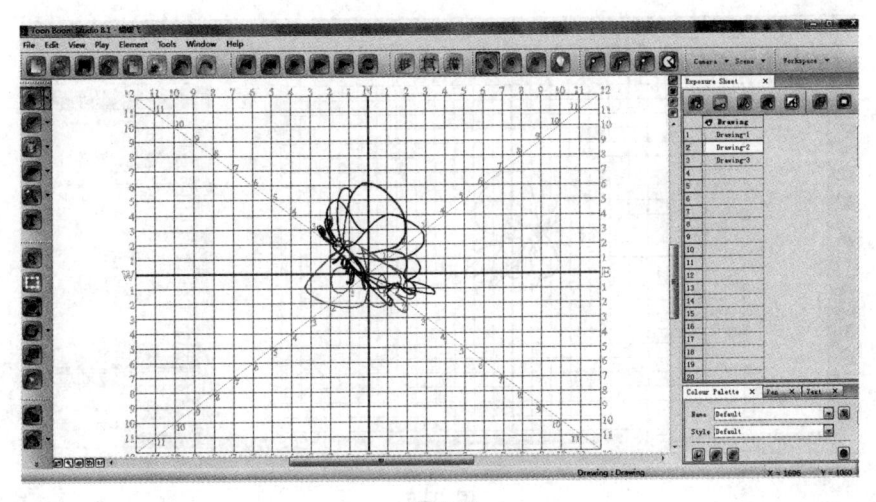

图 3-3

9. 选择第 4 帧格绘制第二张蝴蝶中间画，依据第 3 帧里的蝴蝶原画来完成，如图 3-4。

10. 右键选择 Copy Cell（复制）把第 1 帧格 Paste（粘贴）到第 5 帧格，使其形成一个完整的循环，如图 3-5。

11. 点击主要工具条中的 Play（播放），所绘制的内容将按顺序在 View（视窗）内播放。如果想重复播放，选择 Loop（循环）按钮，以便更加方便地检查蝴蝶原动画画面的动作是否连贯或缺失，检查蝴蝶的运动速度，可做修改与调整。

12. 调整蝴蝶动画的播放速度。选择第 1 帧格，右键选择 Add Exposure（增加律表），以此类推，每一帧都播放 2 帧，如图 3-6。

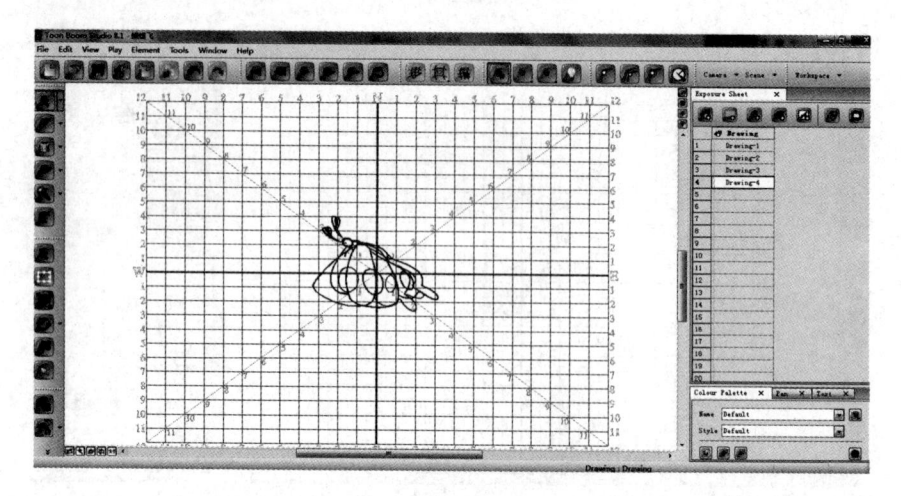

图 3-4

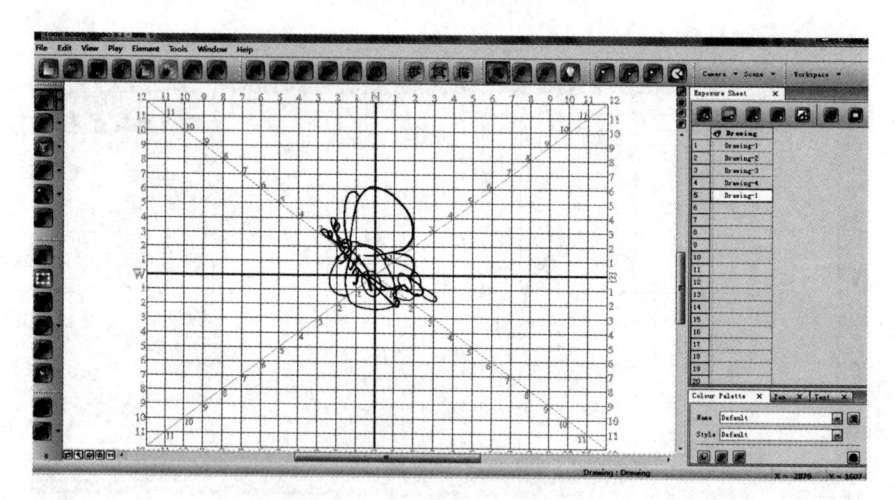

图 3-5

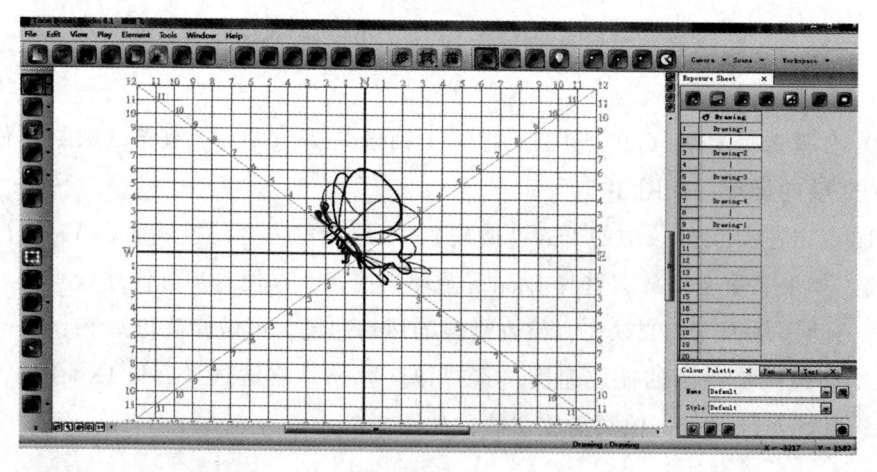

图 3-6

13. 按快捷键"Ctrl+Enter"输出蝴蝶动画，并循环播放检查动画效果，如图 3-7。

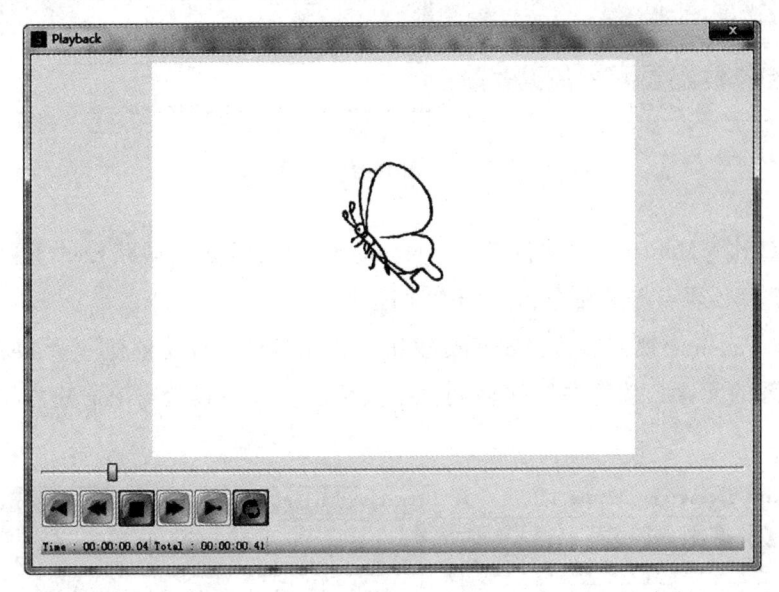

图 3-7

14. 完成了蝴蝶静止到飞的一个循环，要想使蝴蝶按照一定的轨迹有远有近、高高低低的翩翩飞舞，还需要再添加一个摄像机。点击 Workspaces 命令，在弹出的子菜单命令中选择 Scene Planning（场景平铺）命令，打开场景视窗，如图 3-8。

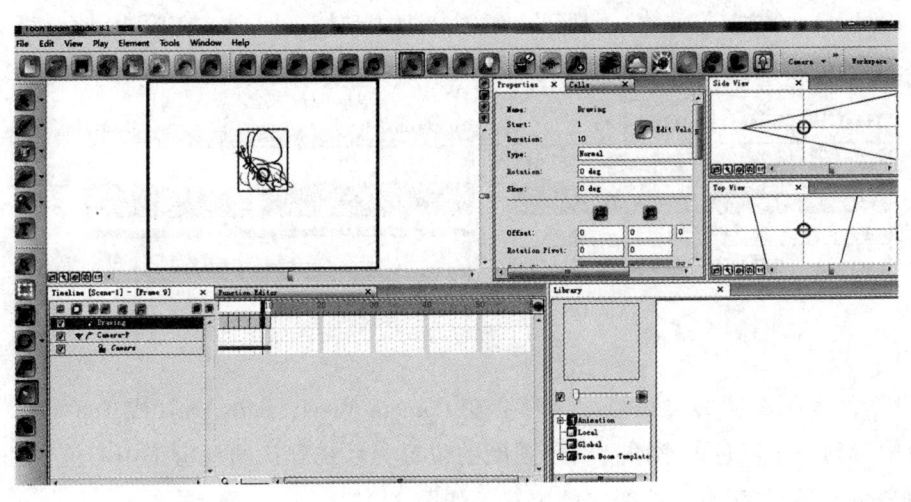

图 3-8

15. 在 Timeline（时间线）中选中所有帧，Copy（复制帧）并 Paste（粘贴帧），使蝴蝶静止飞形成三个循环，如图 3-9。

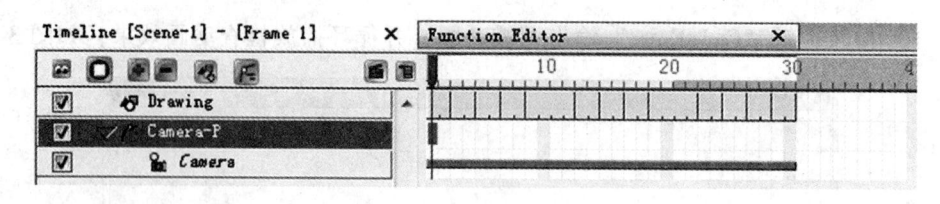

图 3-9

16. 点击 Motion（运动位点），Motion 命令是建立运动路径的重要工具，创建 Peg 元素后必须点击该命令，才能建立运动路径。

17. 在 Timeline 视窗右边点击 Peg 按钮，在元素栏中成功创建一个 Peg 元素。再选中要联系的元素，按住左键拖动到 Peg 项目上，该元素就与 Peg 建立了联系，如图 3-10。

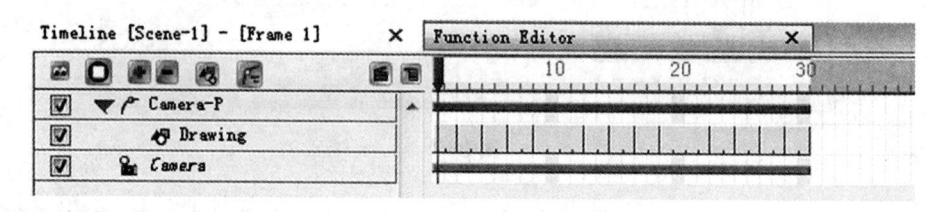

图 3-10

18. 建立起始帧和关键帧，在时间线上的第 1 帧处点击鼠标右键>弹出菜单>Add Keyframe（添加关键帧），把第 1 帧添加为关键帧。同理，在第 10 帧、第 20 帧和第 30 帧处添加关键帧，如图 3-11。

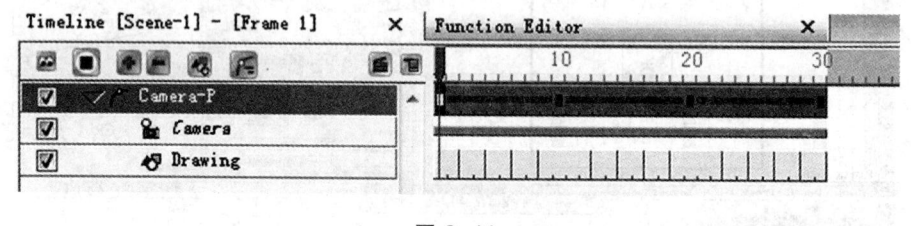

图 3-11

19. 选择第 1 帧的关键帧，这时会在 Camera View、Side View 或 Top View 三个视窗中看到一个红色的圆圈，红色圆圈的位置为系统默认的视窗正中心位置，可以使用 Select（选择工具）改变它的位置，如图 3-12。

20. 依次选择第 10 帧、20 帧、30 帧改变红色的圆圈的位置，拉出一条直线建立一个 Peg 的原始直线运动路径，根据需要可调整路径的运动形状，如图 3-13。也可以在 Side View、Top View 两个视窗中完成此操作，如图 3-14。以此便完成了蝴蝶偏偏飞舞的运动轨迹效果，再次过程中要反复调整移动的位置，以达到最好的播放效果。

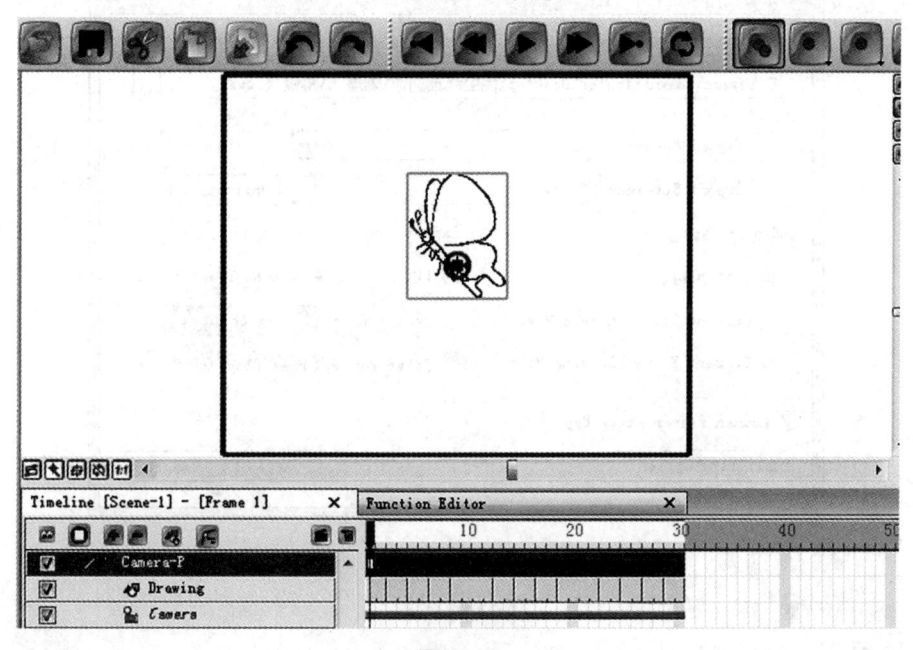

图 3-12

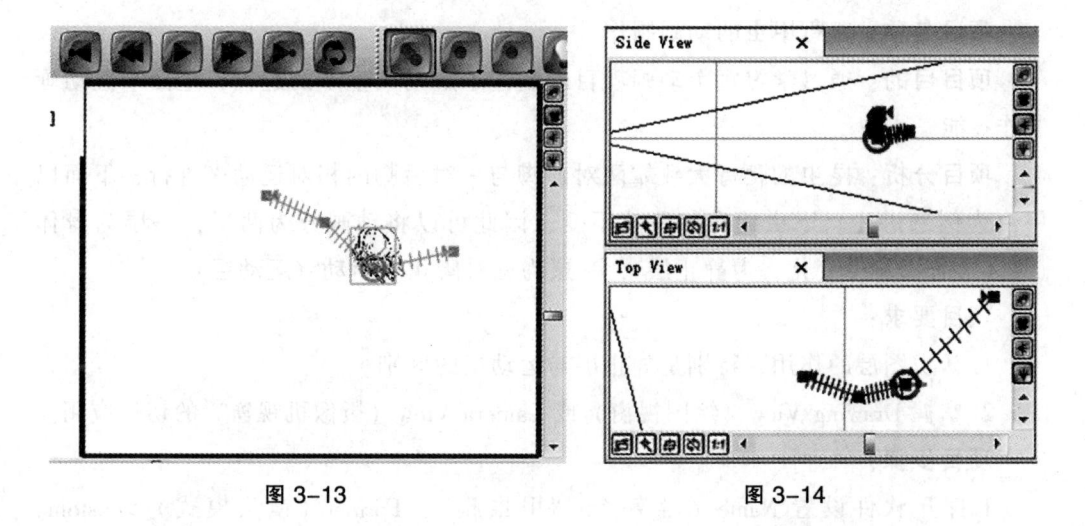

图 3-13　　　　　　　　　图 3-14

21. 按快捷键"Ctrl+Enter"输出蝴蝶动画，并循环播放检查动画效果。

22. 按快捷键"Ctrl+S"保存工程文件。

23. 点击 File（文件）>Export Movie 导出电影，点击 Export Movie 命令，弹出如图 3-15 视窗面板。

24. Save As 中选择要保存的文件夹，Export Format 选择 AVI、Export Type 选择 Full Movie、Export Range 选择 All No Transitions，点击 OK 保存。

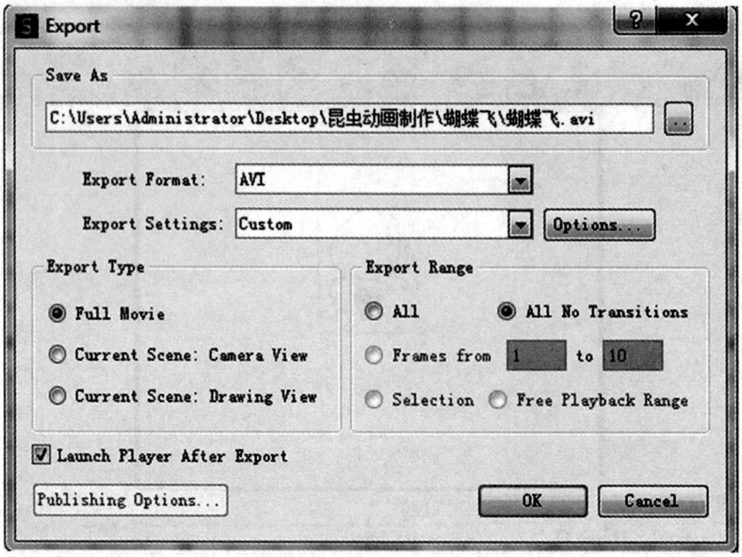

图 3-15

项目二

项目名称： 爬行甲虫的动画制作

项目目的： 通过学习每个动画项目的制作了解动画生产的过程，全面掌握动画制作技能。

项目分析： 昆虫的爬行大致靠两对前脚与一对后脚的相对运动来进行，下面以甲虫为例来讲述。甲虫的身体形状不变，因此可以将动画分为两层，一层为身体（身体形态不发生变化，为静止层），一层为三对脚相对运动（运动层）。

项目要求：

1. 认识图层的作用，特别是静止层与运动层的区别。

2. 掌握 Drawing View（绘图视窗）或 Camera View（摄像机视窗）的切换应用。

项目步骤：

1. 打开软件设置 Name（名字）>"甲虫爬"，Format（镜头模式）>custom，Frame Rate（帧频）>24，Camera Size（镜头画面的尺寸）>720×576，Create（创建）一个"甲虫爬"的动画项目。

2. 使用 File（文件）>Save As（存储为）选择想要的位置保存该动画项目。存储此动画项目到一个新的位置以保证总有一个原始的备用文件存在。

3. 单击 Exposure Sheet（曝光表窗口）>Drawing（绘图元素）>第 1 帧格，然后点击 Drawing View（绘图视窗）。

4. 选择绘图工具。甲虫的身体呈椭圆型，点击几何图形造型工具 Ellipse（椭圆形），并在 Pen 面板上设置所需要画笔的大小。

5. 在 Drawing View（绘图视窗）或 Camera View（摄像机视窗）内绘制一张甲虫身体的椭圆，如图 3-16。接下来使用 Select（选择工具）中的 Contour Editor（轮廓编辑工具），对椭圆进行调整，如图 3-17。

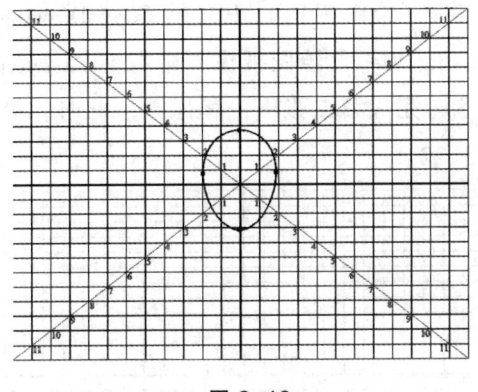

图 3-16　　　　　　　　　　　　图 3-17

6. 选择绘图工具中的 Line（直线），绘制甲虫的身体，如图 3-18。

7. 选择绘图工具 Brush（刷子），绘制出甲虫的头部，如图 3-19。

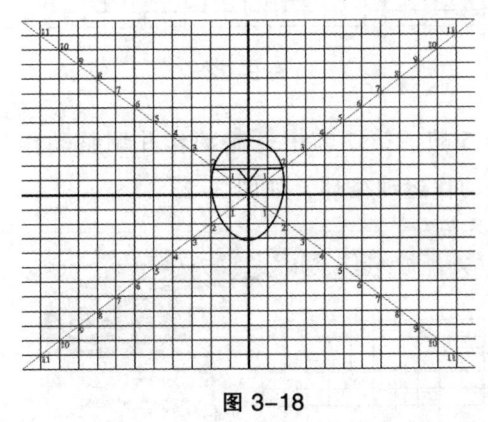

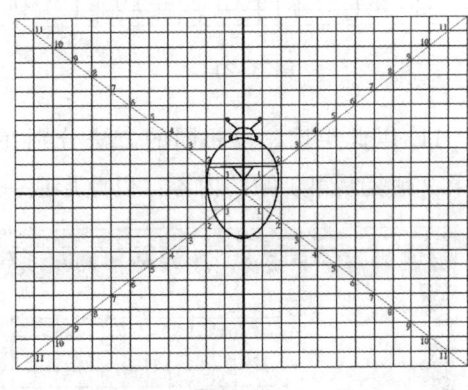

图 3-18　　　　　　　　　　　　图 3-19

8. 在 Exposure Sheet（曝光表窗口）中点击 Drawing（绘图图标），创建一个新的绘画图层，如图 3-20。

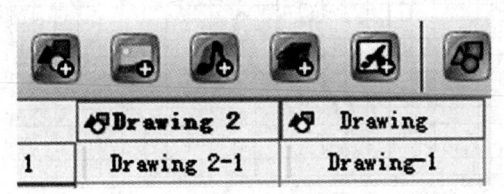

图 3-20

9. 单击第二层第 1 帧格，并在工具条中打开 Turn Onion Skin Off（洋葱皮显示）/左右各显示 1 帧，这样第一层甲虫身体画面会以灰线轮廓形式显示出来，接下来在 Drawing View（绘图视窗）第二层第 1 帧格内绘制甲虫的六肢，由于甲虫的六肢非常相似，因此只需画一个，其余的复制微调即可。在绘制过程中，前后两层要参考规格框来规范它们的大小、位置关系，以此完成甲虫爬的第一帧原画，如图 3-21。

10. 单击第二层第 1 帧格，在 Drawing View（绘图视窗）中右键 Copy Drawing Object 复制所有内容；选中第 3 帧格，在 Drawing View（绘图视窗）中右键 Paste 粘贴所有内容，然后再分别调整甲虫六肢的位置，完成第二张甲虫爬原画。此时，第一帧的原画会以红线的形式作为参考，如图 3-22。

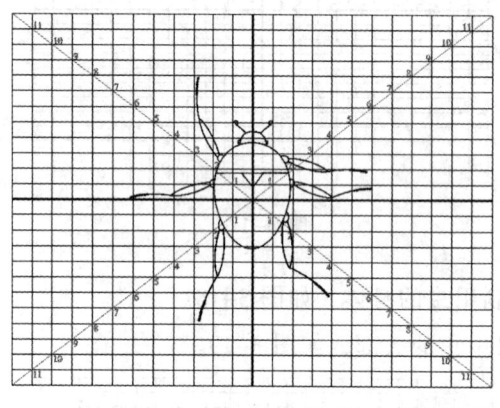

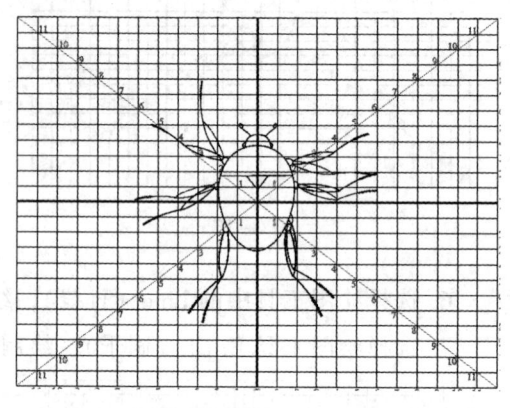

图 3-21   图 3-22

11. 以此类推，以相同的方法分别在第 5 帧、第 7 帧中复制动作并调整动作，在第 9 帧复制第 1 帧的内容，以此形成一个动作运动循环，如图 3-23。

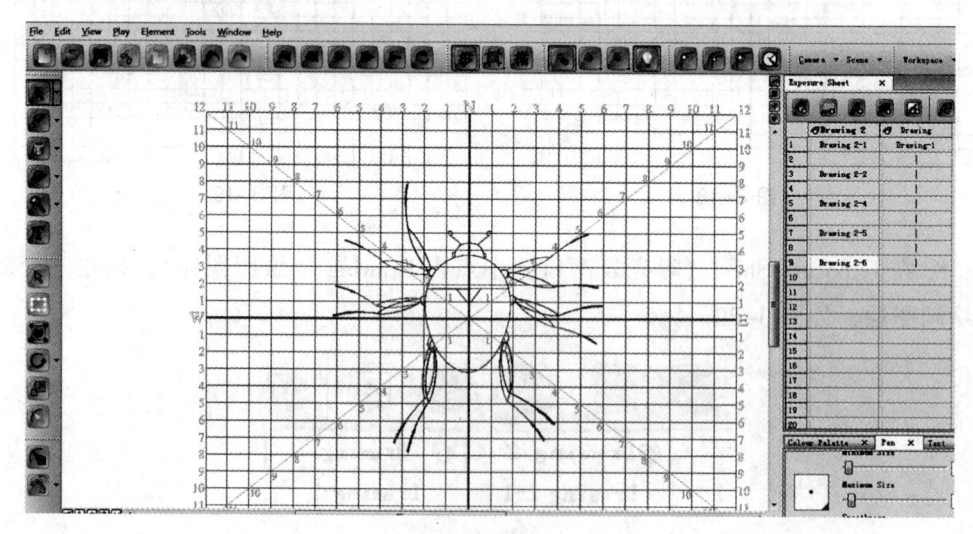

图 3-23

12. 点击第 2 帧添加甲虫爬的中间画，并在工具条中打开 Turn Onion Skin Off（洋葱皮显示）/上下各显示 1 帧，第 1 帧和第 3 帧甲虫六肢画面会以红绿轮廓形式显示出来，可以作为参照调整动画，复制第 1 帧里的内容到第 2 帧，并做调整。以此类推，分别调出第 4 帧、第 6 帧和第 8 帧动画效果，如图 3-24。

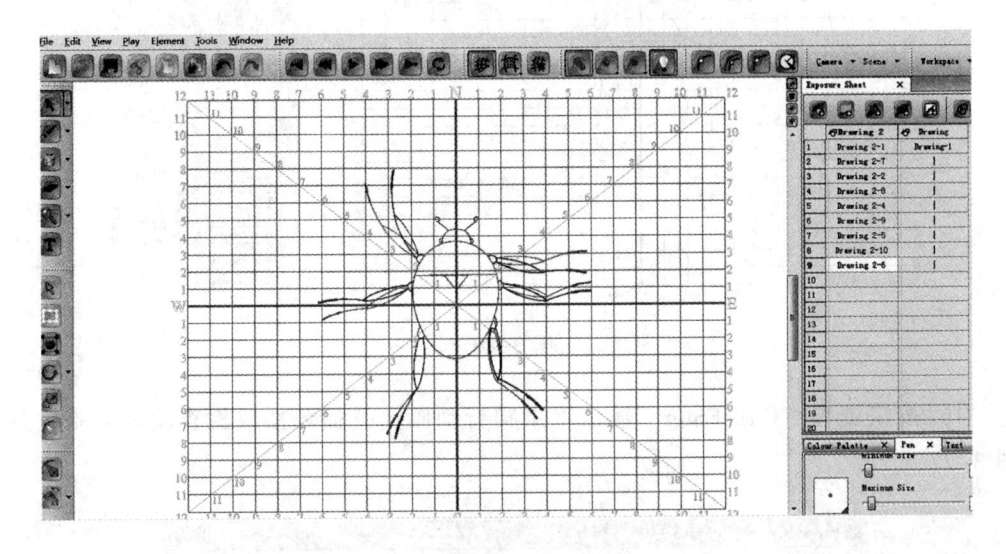

图 3-24

13. 点击主要工具条中的 Play（播放），所绘制的内容将按顺序在 View（视窗）内播放。如果想重复播放，选择 Loop（循环）按钮，以便更加方便地检查甲虫爬原动画画面的动作是否连贯或缺失，检查甲虫的运动速度，可以做修改与调整。

14. 调整甲虫动画的播放速度。选择第 1 帧格，右键选择 Set Exposure To 3 增加律表，使第 1 帧播放 4 帧，以此类推，每一帧都播放 4 帧，同时使第一层的身体也延续到相应的位置，如图 3-25。

15. 要使甲虫向上爬起来，就需要逐帧进行调整每一个关键帧的位置，使每一个关键帧都向上位移一点，并且第一层的甲虫身体也要对应着第二层的关键帧位置相对地向上位移，如图 3-26。

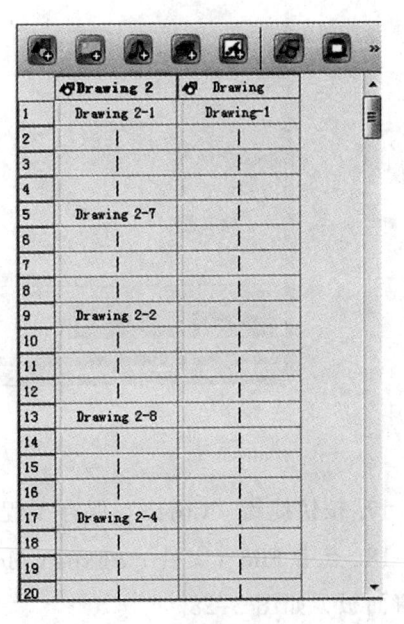

图 3-25

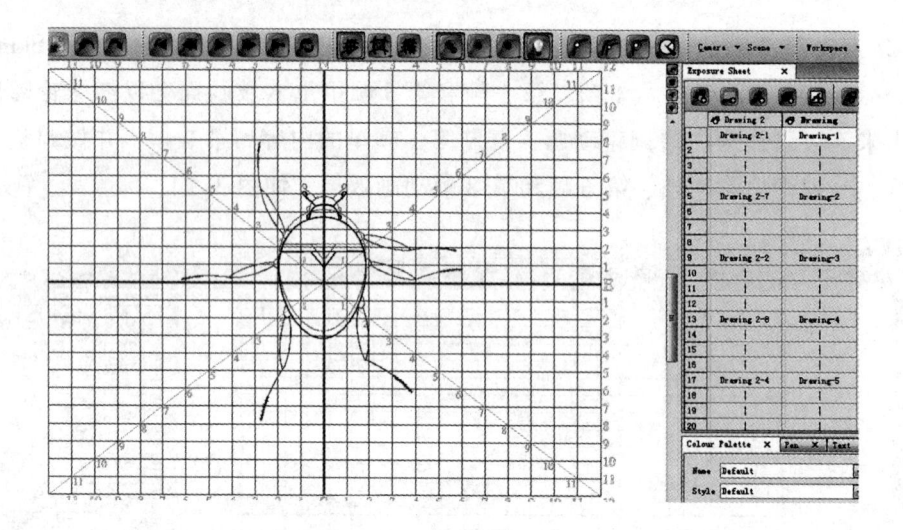

图 3-26

16. 按快捷键"Ctrl+Enter"输出甲虫爬行动画，并循环播放检查动画效果，如图 3-27。

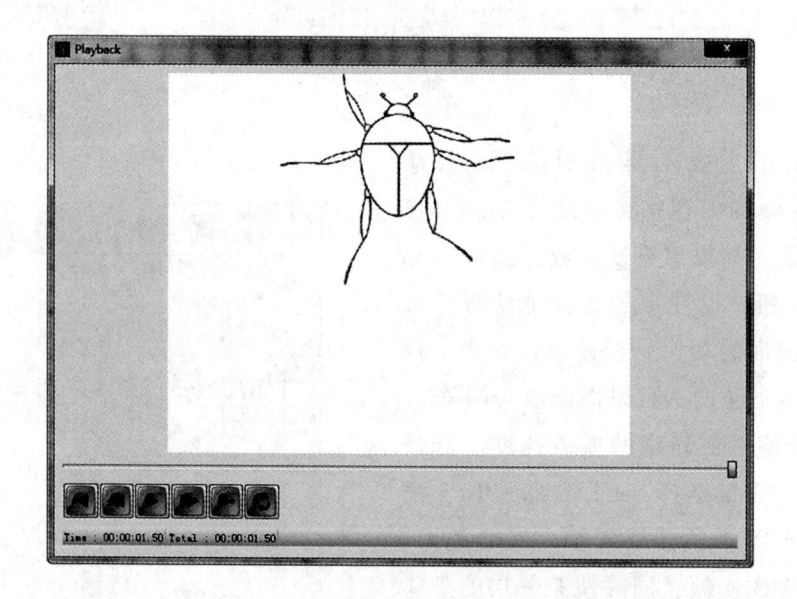

图 3-27

17. 按快捷键"Ctrl+S"保存工程文件。

18. 点击 File（文件）>Export Movie 导出电影，点击 Export Movie 命令，弹出视窗面板，如图 3-28。

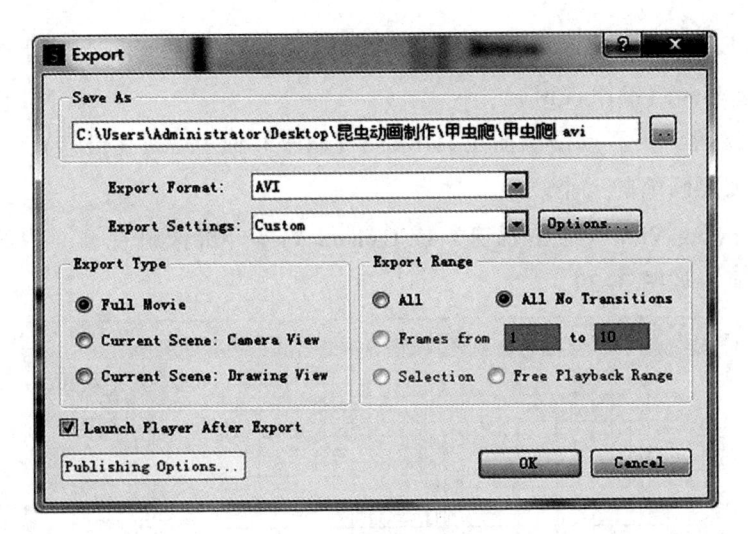

图 3-28

19. Save As 中选择要保存的文件夹，Export Format 选择 AVI、Export Type 选择 Full Movie、Export Range 选择 All No Transitions，点击 OK 保存。

二、爬行类动物的动画制作

动画片里经常出现的爬行类动物有龟、鳄鱼、蜥蜴（包括壁虎）、蛇等，下面以蜥蜴为例运用 TBS 软件绘制一下爬行类动物的运动规律。蜥蜴动作敏捷，爬行速度很快，动作与四足动物相似，以典型的曲线运动方式前进，也能下水游泳。

项目一

项目名称：爬行的蜥蜴的动画制作

项目目的：通过对本项目的学习，使读者能应用 TBS 设计与制作动画场景，掌握基本的二维动画制作的知识，能通过 TBS 完成简单的"爬行的蜥蜴"的动画效果。

项目要求：

1. 掌握帧数、帧频率与速率的关系。

2. 掌握爬行动物的运动变化。

项目生产制作步骤：

1. 打开软件设置 Name（名字）>"蜥蜴爬"，Format（镜头模式）>Custom，Frame Rate（帧频）>24，Camera Size（镜头画面的尺寸）>720×576，Create（创建）一个"蜥蜴爬行"的动画项目。

2. 使用 File（文件）>Save As（存储为）选择想要的位置保存该动画项目。存储此动画项目到一个新的位置以保证总有一个原始的备用文件存在。

3. 单击 Exposure Sheet（曝光表窗口）>Drawing（绘图元素）>第 1 帧格，然后点击 Drawing View（绘图视窗）。

4. 选择绘图工具。点击绘图工具 Brush（刷子）或 Pencil（铅笔），并在 Pen 面板上设置所需要画笔的大小。

5. 在 Drawing View（绘图视窗）或 Camera View（摄像机视窗）内绘制第一张蜥蜴爬行原画，如图 3-29。

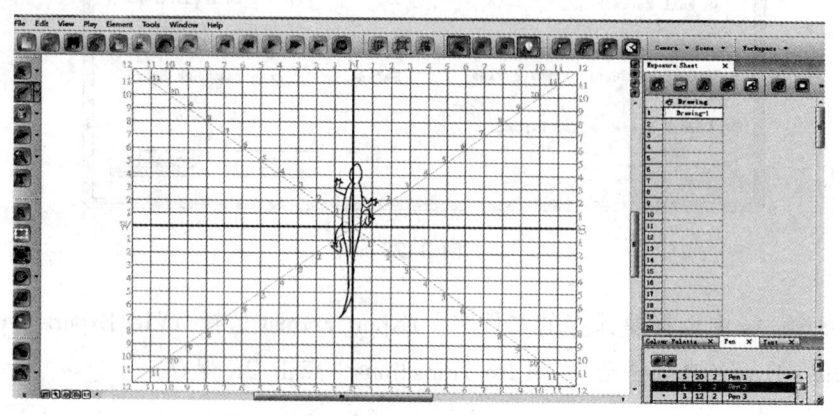

图 3-29

6. 单击第 3 帧格，并在工具条中打开 Turn Onion Skin Off（洋葱皮显示）/上下各显示 1 帧，第 1 帧画面会以红线轮廓形式显示出来，前后画面就能相互对照；在 Drawing View（绘图视窗）或 Camera View（摄像机视窗）内绘制第二张蜥蜴爬原画，以此类推，可画出一组序列原画。在绘制过程中，前后原画之间要参考规格框来规范它们的大小、位置关系，如图 3-30。

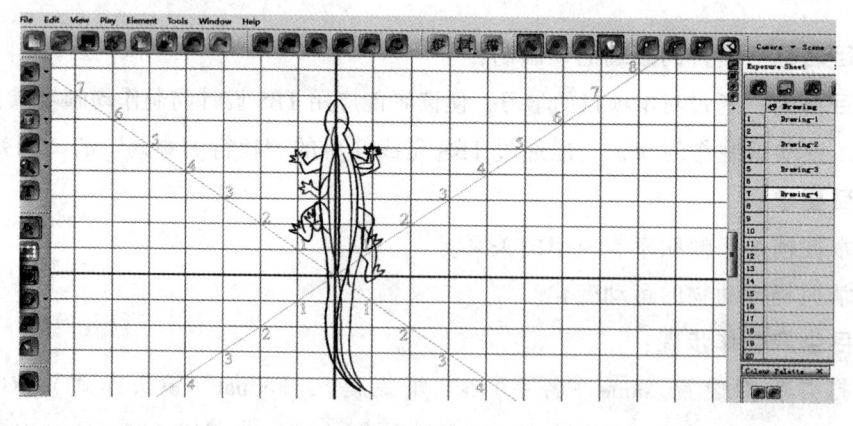

图 3-30

7. 选择第 2 帧格，在工具条中已打开 Turn Onion Skin Off（洋葱皮显示）/上下各显示一帧，因此在第 2 帧格所属的 Drawing View（绘图视窗）中显示出红、绿两幅蜥蜴原画。

  8. 使用绘图工具 Brush 或 Pencil，并在 Pen 面板上设置所需要画笔的大小，把上一原画与下一原画的相同部位对齐，开始绘制第一张中间画，如图 3-31。

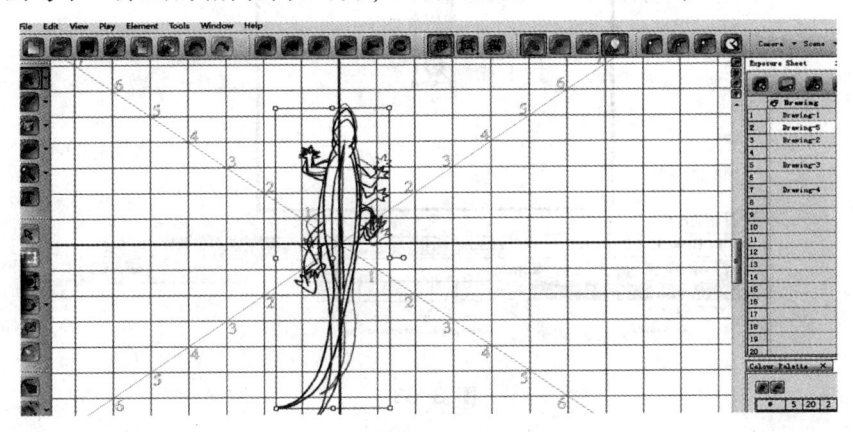

图 3-31

  9. 以此类推，绘制出其他中间画，如图 3-32。

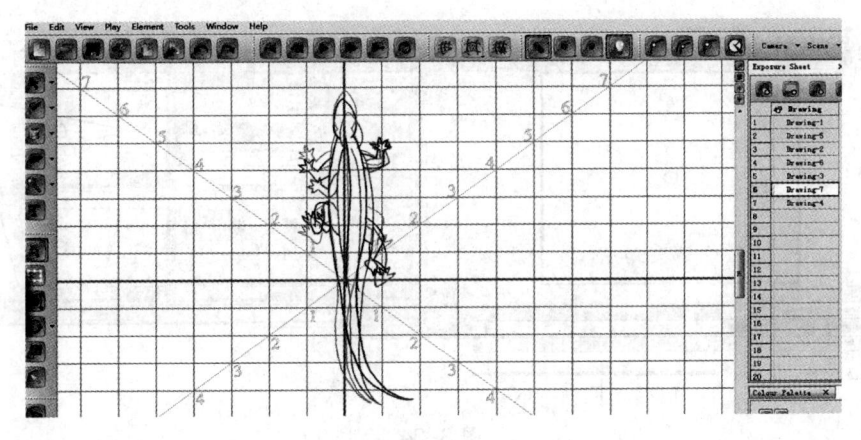

图 3-32

  10. 点击主要工具条中的 Play（播放），所绘制的内容将按顺序在 View（视窗）内播放。如果想重复播放，选择 Loop（循环）按钮，以便更加方便地检查蜥蜴爬行原动画画面的动作是否连贯或缺失、位置是否正确，可做适当修改与调整。

  11. 调整蜥蜴动画的播放速度。选择第 1 帧格，右键选择 Set Exposure To 3 增加律表，使第 1 帧播放 3 帧，以此类推，每一帧都播放 3 帧。

  12. 完成了蜥蜴爬行的一个循环后，在动画片里需要复制循环并且调整每一帧的位置，使蜥蜴完整地向前爬。点击 Workspaces 命令，在弹出的子菜单命令中选择 Scene Planning（场景平铺）命令，打开场景视窗，如图 3-33。

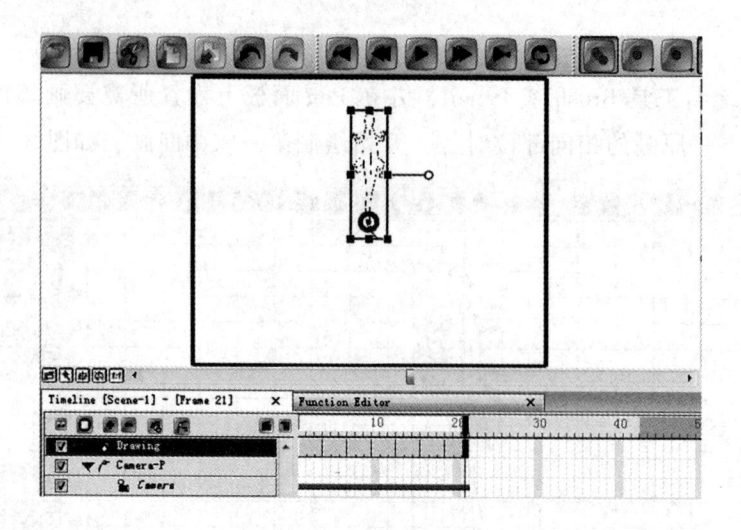

图 3-33

13. 在 Timeline（时间线）中选中所有帧，Copy（复制帧）并 Paste（粘贴帧），使蜥蜴爬形成两个循环，并且调整每一帧的位置，如图 3-34。

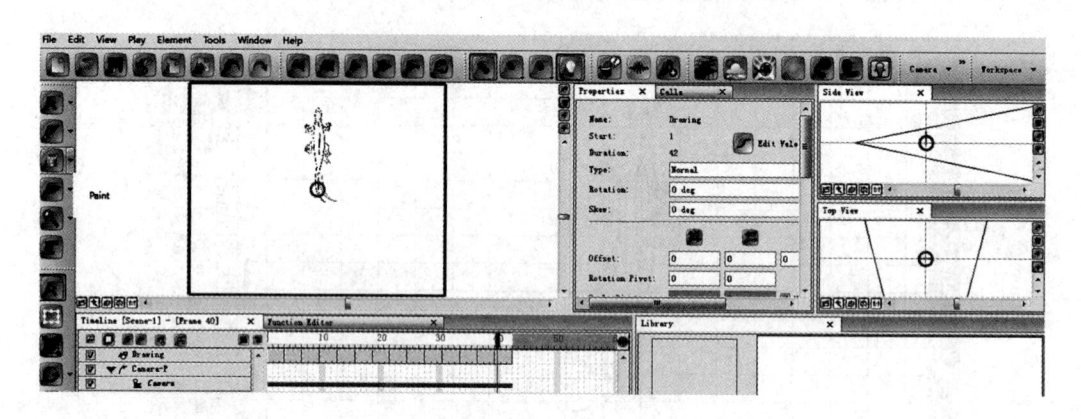

图 3-34

14. 按快捷键"Ctrl+Enter"输出蜥蜴爬行动画，并循环播放检查动画效果。
15. 按快捷键"Ctrl+S"保存工程文件。
16. 点击 File（文件）>Export Movie 导出电影，点击 Export Movie 命令，弹出视窗面板。
17. Save As 中选择要保存的文件夹，Export Format 选择 AVI、Export Type 选择 Full Movie、Export Range 选择 All No Transitions，点击 OK 保存。

项目拓展

项目名称：蜘蛛爬行

项目要求：

1. 使用 TBS 绘制蜘蛛的爬行动画效果。

2. 学会应用帧数、帧频率与速率的关系处理画面节奏。

第二节　鸟、禽类动画制作

一、鸟类动画制作

鸟是最佳飞行动物，鸟类基本上分为两类：阔翼类和雀类。它们的共同点是当翅膀向上举时，羽毛张开，使空气从翼下流过，这时鸟的身体略微下沉；当翅膀下压时，压迫空气产生推力，向前飞行，这时身体略微上升，而身体由于翅膀上下扇动，形成了前进时的曲线轨迹。鸟的翅膀不断上下扇动，产生动力向前飞行，这时会形成 8 字形的曲线运动。

下面案例将具体讲解在 TBS 中绘制鸟类飞行的动画。

项目名称：飞行的小鸟动画制作

项目目的：通过对本项目的学习，使读者能应用 TBS 设计与制作动画场景，掌握基本的二维动画制作的知识，能通过 TBS 完成简单的"飞行的小鸟"的动画效果。

项目要求：

1. 进一步掌握帧数与帧频率的关系。

2. 掌握洋葱皮及 PEG 运动路径的使用方法。

3. 掌握 Side View、Top View 两个视窗的使用方法。

4. 注意观察鸟在飞行时，双脚蜷缩在胸前、向后伸直以及身体的变化。

项目生产制作步骤：

1. 打开软件设置 Name（名字）>"鸟飞"，Format（镜头模式）>Custom，Frame Rate（帧频）>24，Camera Size（镜头画面的尺寸）>720×576，Create（创建）一个"鸟飞"的动画项目。

2. 使用 File（文件）>Save As（存储为）选择想要的位置保存该动画项目。存储此动画项目到一个新的位置以保证总有一个原始的备用文件存在。

3. 单击 Exposure Sheet（曝光表窗口）>Drawing（绘图元素）>第 1 帧格，然后点击 Drawing View（绘图视窗）。

4. 选择绘图工具。点击绘图工具 Brush（刷子）或 Pencil（铅笔），并在 Pen 面板上设置所需要画笔的大小。

5. 在 Drawing View（绘图视窗）或 Camera View（摄像机视窗）内绘制第一张鸟飞原画，如图 3-35。

图 3-35

6. 单击第 5 帧格，并在工具条中打开 Turn Onion Skin Off（洋葱皮显示）/上下各显示 1 帧，第 1 帧画面会以红线轮廓的形式显示出来，前后画面能相互对照；在 Drawing View（绘图视窗）或 Camera View（摄像机视窗）内绘制第二张鸟飞原画。在绘制过程中，前后原画之间要参考规格框来规范它们的大小、位置关系，如图 3-36。

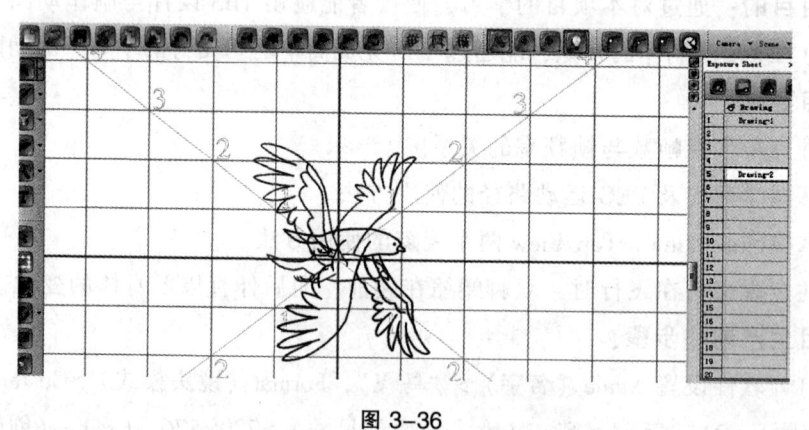

图 3-36

7. 在第 9 帧中复制第 1 帧格的内容，完成第三张鸟飞原画，如图 3-37。

图 3-37

8. 选择第 2 帧格，在工具条中已打开 Turn Onion Skin Off（洋葱皮显示）/上下各显示 1 帧，因此在第 2 帧格所属的 Drawing View（绘图视窗）中显示出红、绿两幅鸟飞原画。

9. 使用绘图工具 Brush 或 Pencil，并在 Pen 面板上设置所需要画笔的大小，把上一原画与下一原画的相同部位对齐，开始绘制第一张中间画，如图 3-38。

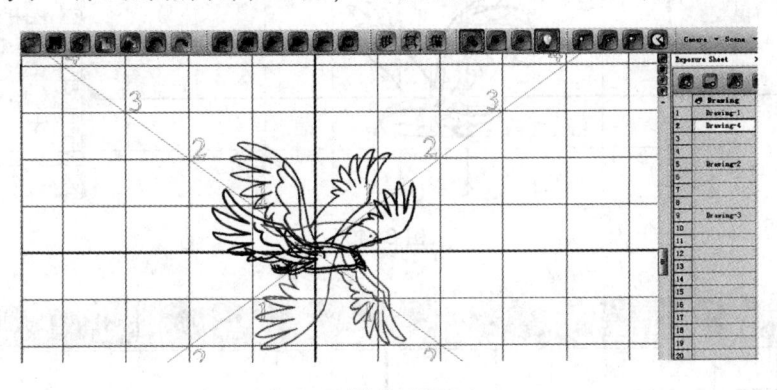

图 3-38

10. 以此类推，绘制出其他中间画，如图 3-39。

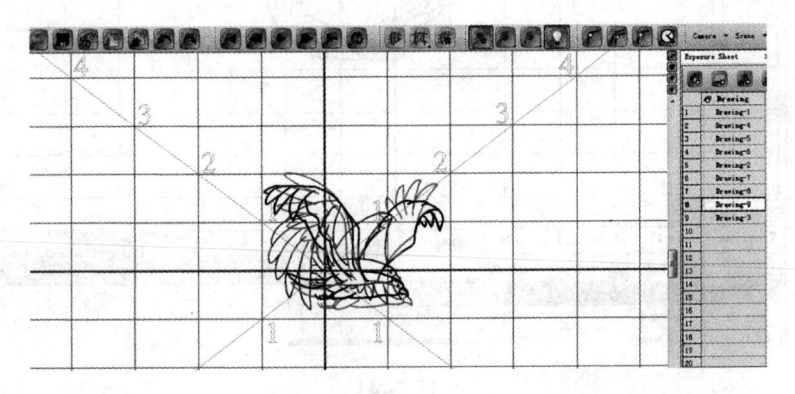

图 3-39

11. 点击主要工具条中的 Play（播放），所绘制的内容将按顺序在 View（视窗）内播放。如果想重复播放，选择 Loop（循环）按钮，以便更加方便地检查鸟飞原动画画面的动作是否连贯或缺失，鸟飞的运动轨迹是否呈曲线形，可对位置做修改与调整。

12. 调整鸟飞动画的播放速度。选择第 1 帧格，右键选择 Set Exposure To 2 增加律表，使第 1 帧播放 2 帧，以此类推，每一帧都播放 2 帧，如图 3-40。

13. 以上完成了鸟飞的一个循环，在动画片里看到鸟飞的时候不是不停地扇翅，而是扇一会儿，展翅翱翔一会儿，下面需要做鸟展翅翱翔的动画。点击 Workspaces 命令，在弹出的子菜单命令中选择 Scene Planning（场景平铺）命令，打开场景视窗，如图 3-41。

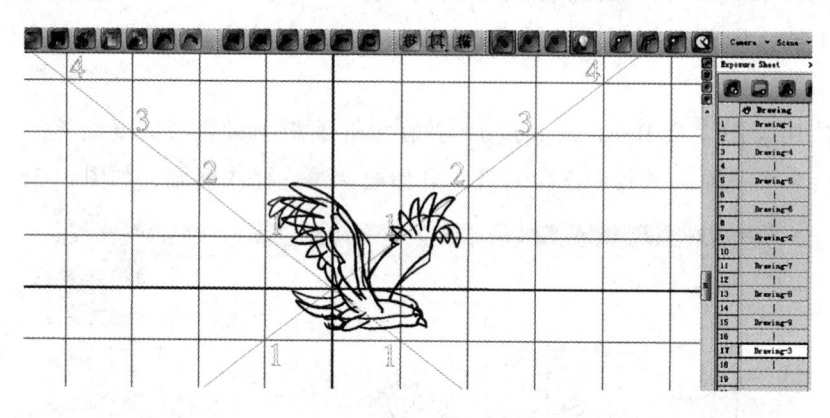

图 3-40

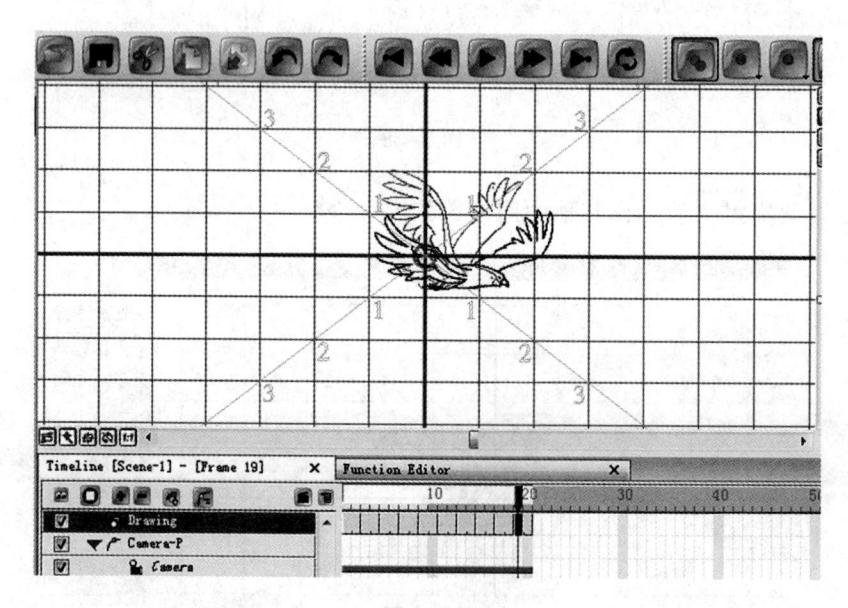

图 3-41

14. 在 Timeline（时间线）中选中第 2 帧关键帧，Copy（复制帧）并在最后 Paste（粘贴帧），延续帧至第 40 帧，如图 3-42。

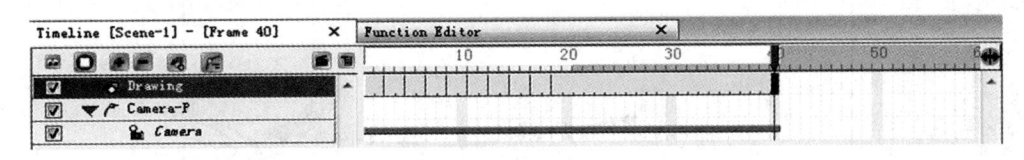

图 3-42

15. 在 Timeline 视窗右边点击 Peg 按钮，在元素栏中成功创建一个 Peg 元素；再选中要联系的元素，按住左键拖动到 Peg 项目上，该元素就与 Peg 建立了联系，如图 3-43。

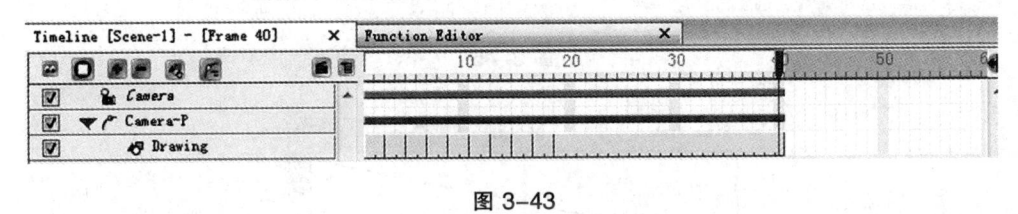

图 3-43

16. 点击 Motion（运动位点），Motion 命令是建立运动路径的重要工具，创建 Peg 元素后必须点击该命令，才能建立运动路径。

17. 建立关键帧，在时间线上的第 19 帧处点击鼠标右键>弹出菜单/>Add Keyframe（添加关键帧），把第 19 帧添加为关键帧；同理，在第 30 帧和第 40 帧处添加关键帧，如图 3-44。

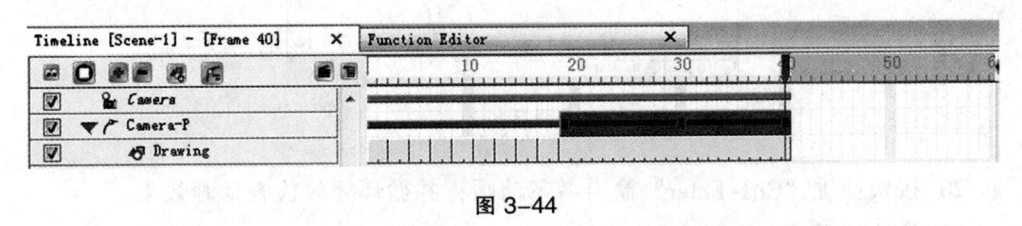

图 3-44

18. 选择第 19 帧的关键帧，这时会在 Camera View、Side View 或 Top View 三个视窗中看到一个红色的圆圈。红色圆圈的位置为系统默认的视窗正中心位置，可以使用 Select（选择工具）改变它的位置。

19. 依次选择第 19 帧、第 30 帧、第 40 帧移动改变红色的圆圈的位置，拉出一条直线建立一个 Peg 的原始直线运动路径，然后根据需要调整路径的运动形状，如图 3-45。也可以在 Side View、Top View 两个视窗中完成此操作，如图 3-46。以此便完成了鸟展翅翱翔的运动轨迹效果，在此过程中要反复调整移动的位置，以达到最好的画面效果。

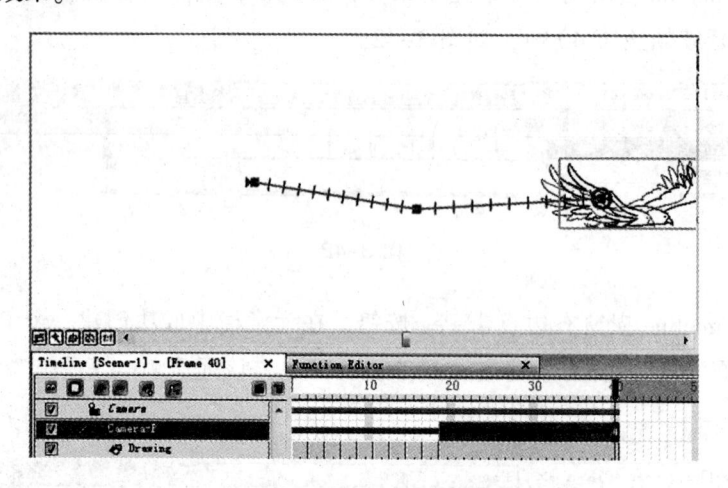

图 3-45

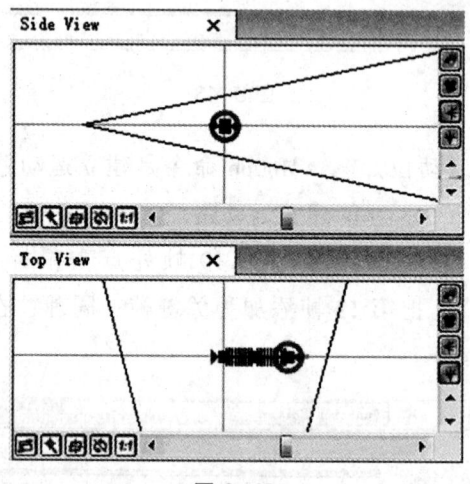

图 3-46

20. 按快捷键"Ctrl+Enter"输出鸟飞动画，并循环播放检查动画效果。

21. 按快捷键"Ctrl+S"保存工程文件。

22. 点击 File（文件）>Export Movie 导出电影，点击 Export Movie 命令，弹出如图 3-47 所示的视窗面板。

23. Save As 中选择要保存的文件夹，Export Format 选择 AVI、Export Type 选择 Full Movie、Export Range 选择 All No Transitions，点击 OK 保存。

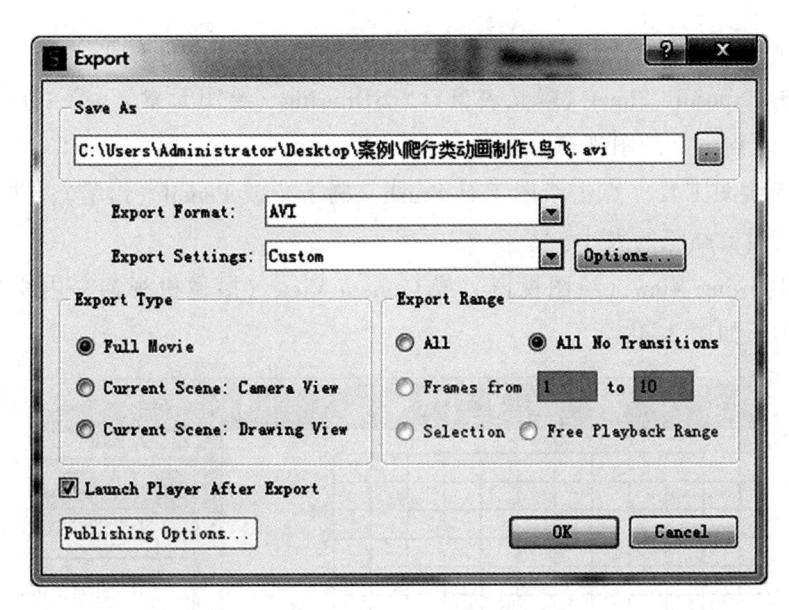

图 3-47

二、禽类的动画制作

禽类主要有鸡、鸭、鹅。鸡的运动规律有别于鸭鹅的运动规律，下面案例将具体讲解在 TBS 中制作鸡行走与奔跑的动画。

项目名称：行走与奔跑的小鸡

项目目的：通过对本项目的学习，使读者能应用 TBS 设计与制作动画场景，掌握基本的二维动画制作的知识，通过 TBS 完成简单的"行走与奔跑的小鸡"的动画效果。

项目要求：

1. 进一步掌握帧数与帧频率的关系。

2. 进一步掌握洋葱皮及 PEG 运动路径的使用方法。

项目分析：鸡有两种行动的方法：行走和奔跑。当鸡抬脚往前走时，脖子就往后缩，向前踩地时，脖子往前伸。鸡走路抬腿时爪可抬高到胸，成收缩状，鸡奔跑时双脚跨度较大，脖子往前伸直，没有收缩动作。

项目步骤：

1. 打开软件设置 Name（名字）>"鸡行走和奔跑"，Format（镜头模式）>Custom，Frame Rate（帧频）>24，Camera Size（镜头画面的尺寸）>720×576，Create（创建）一个"鸡行走和奔跑"的动画项目。

2. 使用 File（文件）>Save As（存储为）选择想要的位置保存该动画项目。存储此动画项目到一个新的位置以保证总有一个原始的备用文件存在。

3. 单击 Exposure Sheet（曝光表窗口）>Drawing（绘图元素）>第 1 帧格，然后点击 Drawing View（绘图视窗）。

4. 选择绘图工具。点击绘图工具 Brush（刷子）或 Pencil（铅笔），并在 Pen 面板上设置所需要画笔的大小。

5. 在 Drawing View（绘图视窗）或 Camera View（摄像机视窗）内绘制第一张鸡走路原画，如图 3-48。

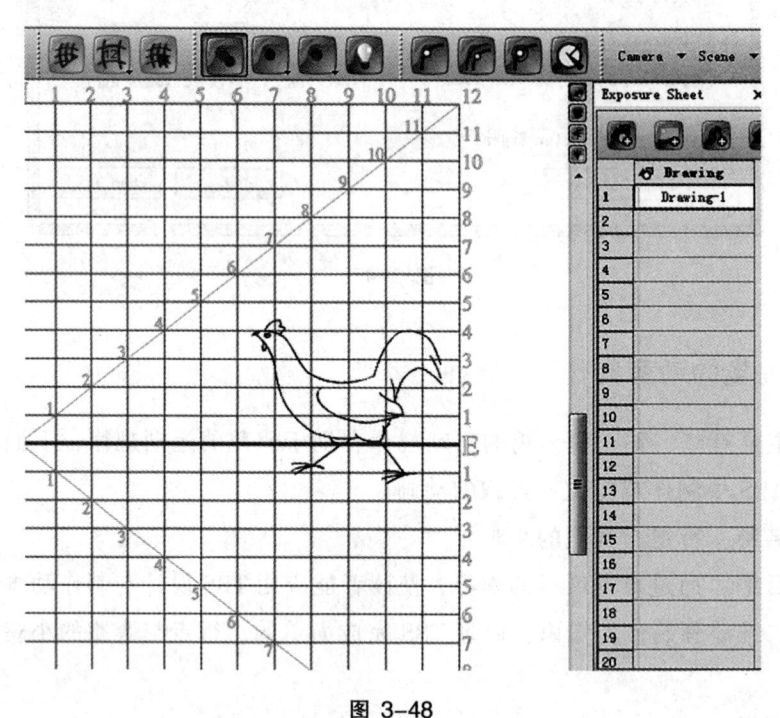

图 3-48

6. 单击第 3 帧格，并在工具条中打开 Turn Onion Skin Off（洋葱皮显示）/上下各显示 1 帧，第 1 帧画面会以红线轮廓形式显示出来，前后画面就能相互对照；在 Drawing View（绘图视窗）或 Camera View（摄像机视窗）内绘制第二张鸡走路原画。在绘制过程中，前后原画之间要参考规格框来规范它们的大小、位置关系，如图 3-49。

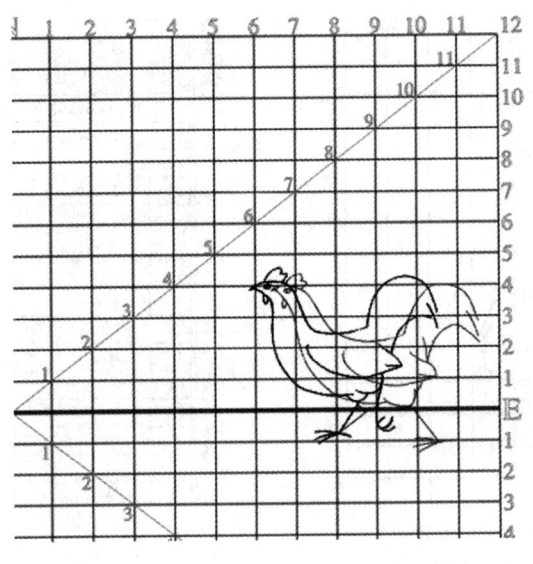

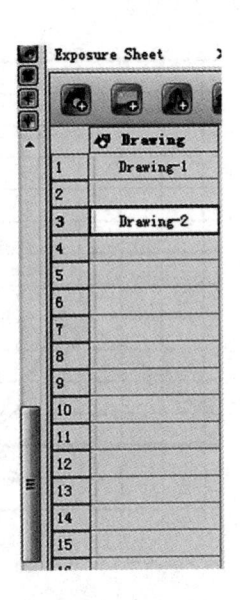

图 3-49

7. 单击第五帧格，绘制第三张鸡走路原画，如图 3-50。

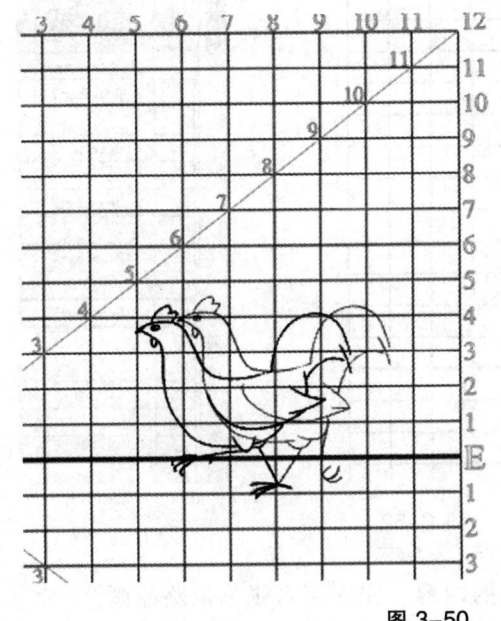

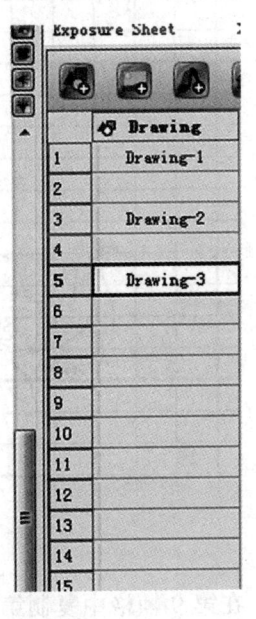

图 3-50

8. 单击第 7 帧格，绘制第四张鸡走路原画，如图 3-51。

109

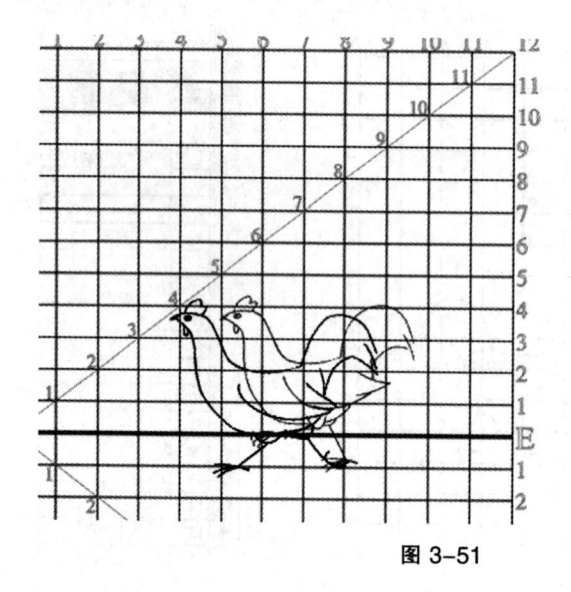

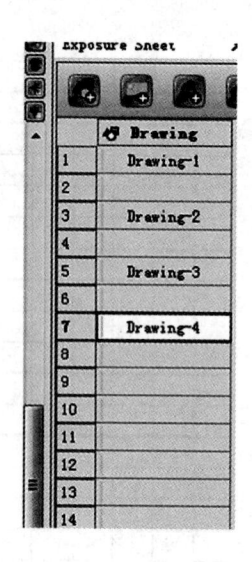

图 3-51

9. 单击第 9 帧格，绘制第五张鸡走路原画，如图 3-52。

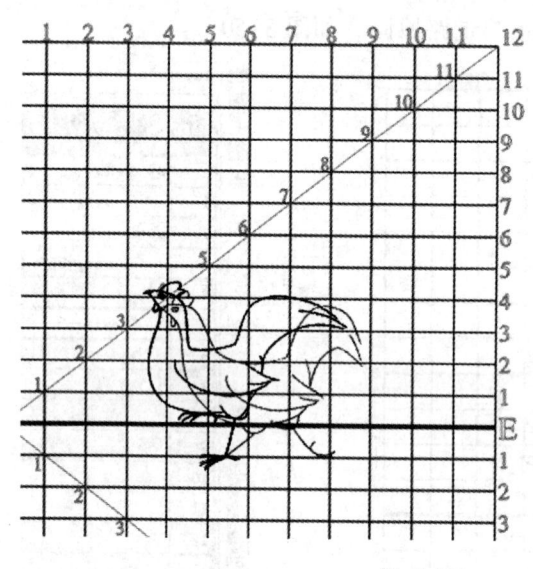

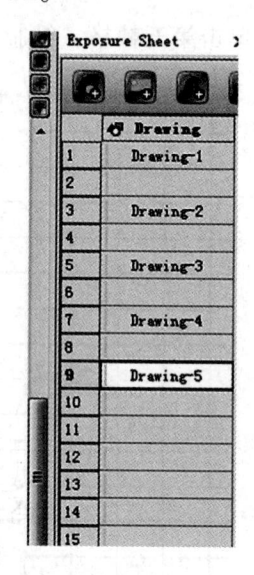

图 3-52

10. 在第 9 帧格中复制第 1 帧格的内容，完成第六张鸡走路原画。

11. 选择第 2 帧格，在工具条中已打开 Turn Onion Skin Off（洋葱皮显示）/上下各显示 1 帧，因此在第 2 帧格所属的 Drawing View（绘图视窗）中显示出红、绿两幅鸡走路的原画。

12. 使用绘图工具 Brush 或 Pencil，并在 Pen 面板上设置所需要画笔的大小，把上一原画与下一原画的相同部位对齐，开始绘制第一张中间画。以此类推，绘制出其他中间画，如图 3-53。

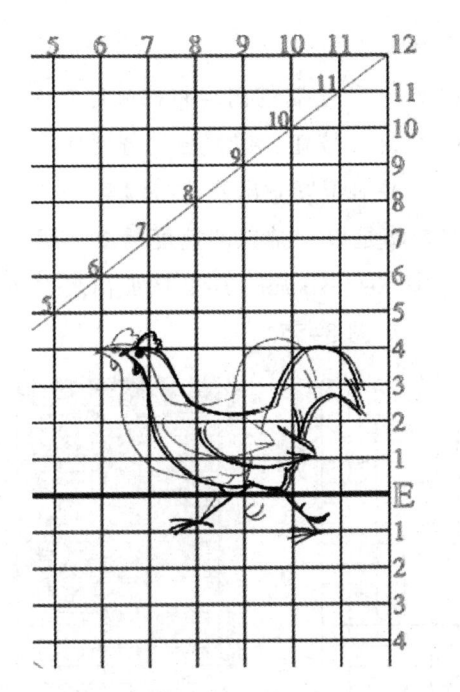

图 3-53

13. 在 Exposure Sheet（曝光表窗）口中点击 Drawing（绘图图标），创建一个新的绘画图层。

14. 单击第二层第 1 帧格，在 Drawing View（绘图视窗）第二层第 1 帧格内绘制鸡奔跑的原动画，步骤与鸡走路相似。在绘制过程中，前后两层要参考规格框来规范它们的大小、位置关系，以此完成鸡跑原动画，如图3-54。

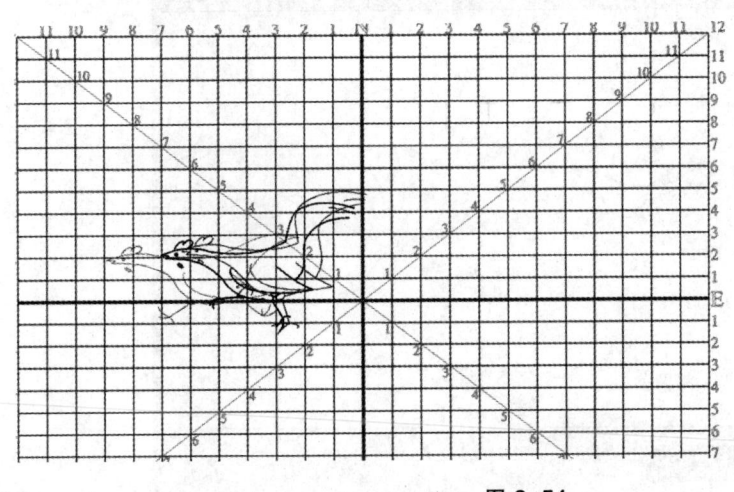

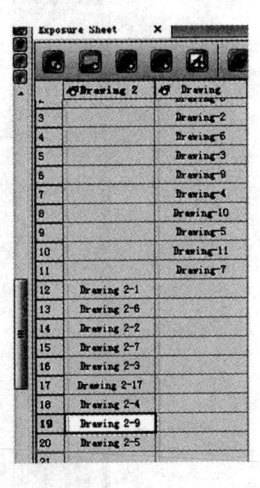

图 3-54

15. 根据鸡的运动规律调整每一帧鸡的位置，使鸡走路和奔跑形成一个简单连贯的小动画。

16. 点击主要工具条中的 Play（播放），所绘制的内容将按顺序在 View（视窗）内播放。如果想重复播放，选择 Loop（循环）按钮，以便更加方便地检查鸡走路和奔跑原动画画面的动作是否连贯或缺失，并对位置做出修改与调整。

17. 鸡走路比奔跑播放速度慢，鸡走路是以一拍二的速度播放。调整鸡走路动画的播放速度，选择第 1 帧格，右键选择 Set Exposure To 2 增加律表，使第 1 帧播放 2 帧，以此类推，每一帧都播放 2 帧，如图 3-55。

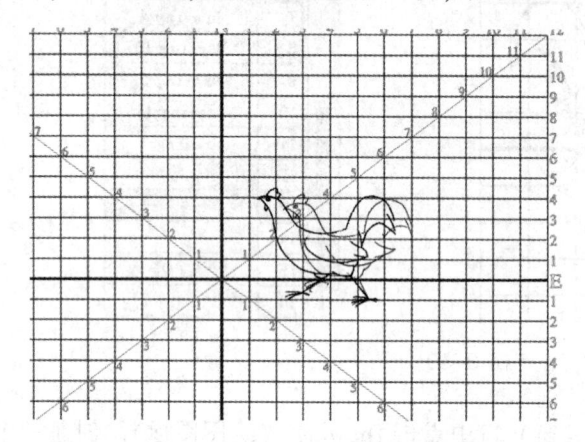

图 3-55

18. 按快捷键"Ctrl+Enter"输出鸡走路和奔跑的动画，并循环播放以检查动画效果，如图 3-56。

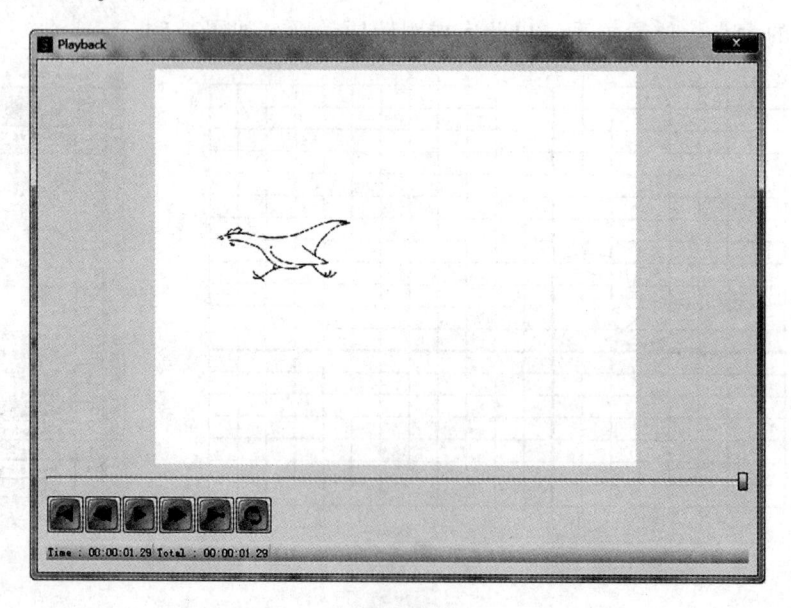

图 3-56

19. 按快捷键"Ctrl+S"保存工程文件。

20. 点击 File（文件）>Export Movie 导出电影，点击 Export Movie 命令，在 Save As 中选择要保存的文件夹，Export Format 选择 AVI、Export Type 选择 Full Movie、Export Range 选择 All No Transitions、点击 OK 保存。

项目拓展

项目名称：蹒跚走路的鸭子

项目目的：通过对本项目的学习，完成的"蹒跚走路的鸭子"的动画制作。

项目分析：鸭子的脖颈虽长，但前进时伸缩脖子的动作不明显，鸭子走路与鸡不同，原因是鸭子的身体宽阔，两腿骨距离比鸡大，因此走路时两腿分开，呈左右摇摆状，挺胸昂头，显得高傲。

项目要求：

1. 应用帧数与帧频率的关系处理画面节奏。

2. 应用 PEG 运动路径。

第三节　爪、蹄类动物的动画制作

一、爪类动物的动画制作

爪类动物主要有狗、豹、虎、狮等，爪类动物皮毛松软，骨骼不容易画准确，四肢较短，迈出步子也较小，行走时，前爪抬起的动作是向胸内微侧，然后跨步迈出。下面的案例将具体讲解在 TBS 中绘制狗走路的动画。

项目名称：狗悠闲走路的动画制作

项目目的：通过对本项目的学习，使读者能应用 TBS 设计与制作动画场景，掌握 TBS 基本使用方法，并能完成"狗悠闲走路"的动画效果。

项目要求：

1. 掌握图层的使用方法。

2. 掌握场景的绘制方法。

3. 认真把握原画与中间画的关系。

4. 掌握 PEG 运动路径的建立与使用。

5. 把握狗走路时脊椎呈曲线运动的形态。

项目生产制作步骤：

1. 打开软件设置 Name（名字）>"狗走路"，Format（镜头模式）>Custom，Frame Rate（帧频）>24，Camera Size（镜头画面的尺寸）>720×576，Create（创建）一个"狗走路"的动画项目。

2. 使用 File（文件）>Save As（存储为）选择想要的位置保存该动画项目。存储此动画项目到一个新的位置以保证总有一个原始的备用文件存在。

3. 单击 Exposure Sheet（曝光表窗口）>Drawing（绘图元素）>第 1 帧格，然后点击 Drawing View（绘图视窗）。

4. 选择绘图工具。点击绘图工具 Brush（刷子）或 Pencil（铅笔），并在 Pen 面板上设置所需要画笔的大小。

5. 在 Drawing View（绘图视窗）或 Camera View（摄像机视窗）内绘制第一张狗走路原画，如图3-57。

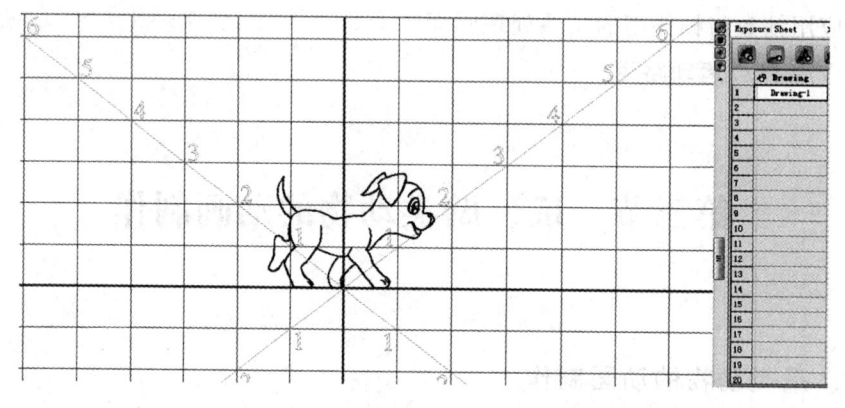

图 3-57

6. 单击第 5 帧格，并在工具条中打开 Turn Onion Skin Off（洋葱皮显示）/上下各显示 1 帧，第 1 帧画面会以红线轮廓的形式显示出来，前后画面就能相互对照；在 Drawing View（绘图视窗）或 Camera View（摄像机视窗）内绘制第二张狗走路原画。在绘制过程中，前后原画之间要参考规格框来规范它们的大小、位置关系，如图 3-58。

7. 在第九帧格中复制第一帧格的内容，完成第三张狗走路原画，如图3-59。

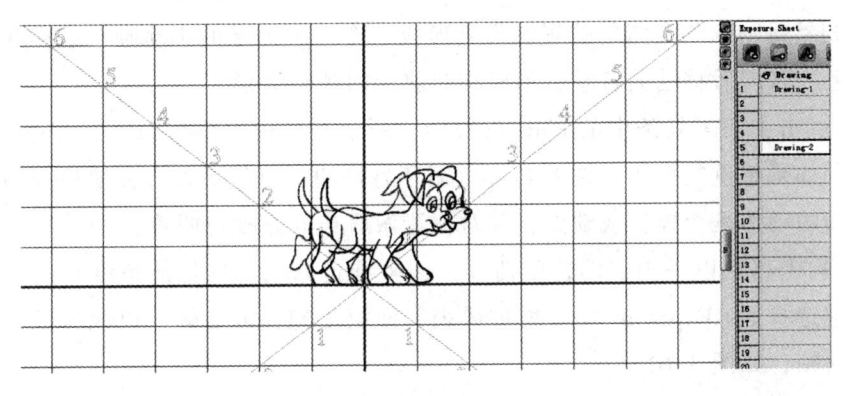

图 3-58

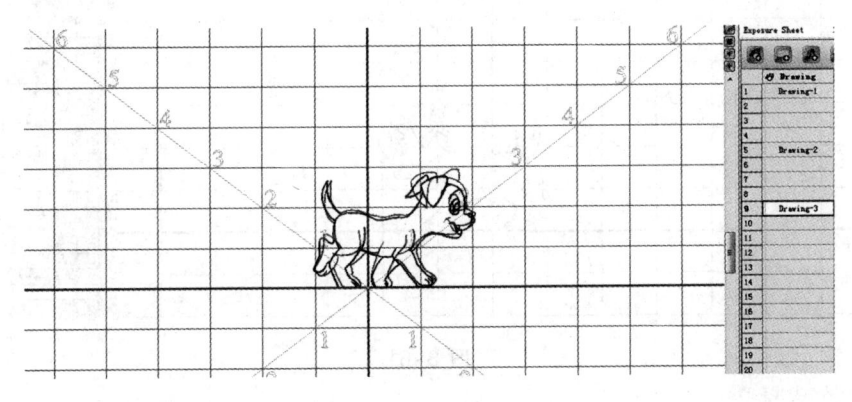

图 3-59

8. 选择第 2 帧格，在工具条中已打开 Turn Onion Skin Off（洋葱皮显示）/上下各显示 1 帧，因此在第 2 帧格所属的 Drawing View（绘图视窗）中显示出红、绿两幅狗走路原画。使用绘图工具 Brush 或 Pencil，并在 Pen 面板上设置所需要画笔的大小，把上一原画与下一原画的相同部位对齐，开始绘制第一张中间画。以此类推，绘制出其他中间画，如图 3-60。

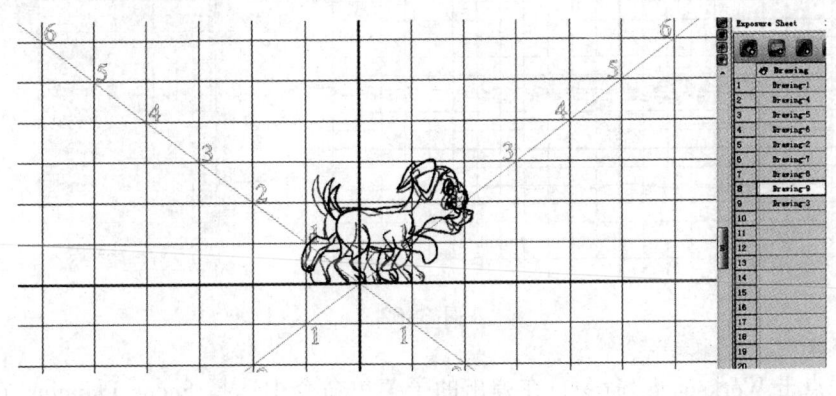

图 3-60

9. 调整每一帧狗走路的位置，使其形成一个在原地走的小动画，这样在后期就可以加上一张向后移动的背景，形成狗向前走的动画效果。

10. 点击主要工具条中的 Play（播放），所绘制的内容将按顺序在 View（视窗）内播放。如果想重复播放，选择 Loop（循环）按钮，以便更加方便地检查狗走路原动画画面的动作是否连贯或缺失，并对位置做适当的修改与调整。

11. 狗走路是以一拍二的速度播放，调整狗走路动画的播放速度，选择第 1 帧格，右键选择 Set Exposure To 2 增加律表，使第 1 帧播放 2 帧，以此类推，每一帧都播放两帧，如图 3-61。

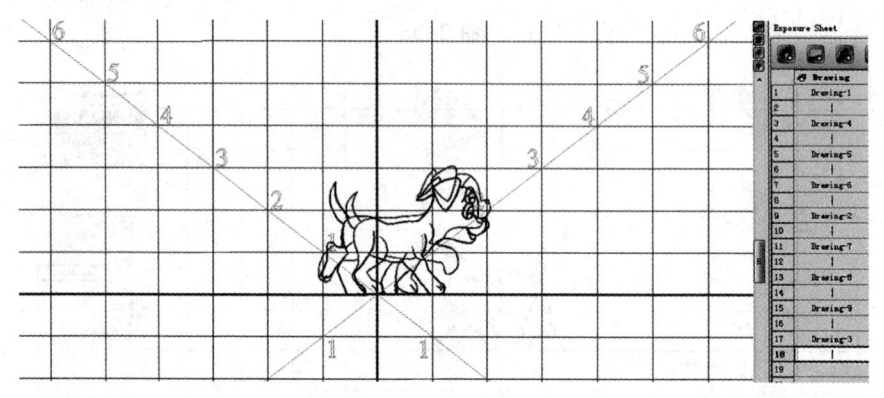

图 3-61

12. 在 Exposure Sheet（曝光表窗口）中点击 Drawing（绘图图标），创建一个新的绘画图层。

13. 单击第二层第 1 帧格，在 Drawing View（绘图视窗）第二层第 1 帧格内绘制一张简单的路面场景，如图 3-62。

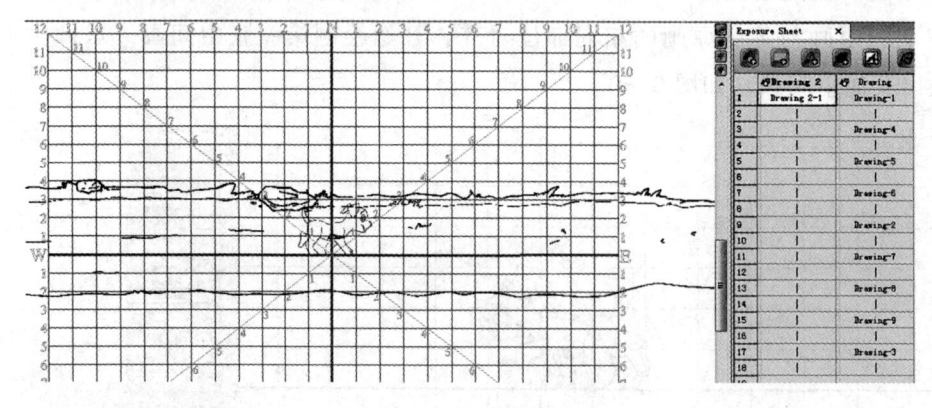

图 3-62

14. 点击 Workspaces 命令，在弹出的子菜单命令中选择 Scene Planning（场景平铺）命令，打开场景视窗。首先在 Timeline（时间线）中选择 Drawing 中的所有帧 Copy（复制帧），并在最后 Paste（粘贴帧），让狗走路再循环一次，并延续 Drawing2 中的帧至 36 帧，如图 3-63。

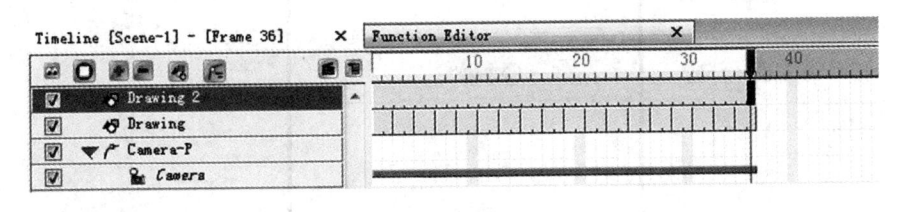

图 3-63

15. 在 Timeline 视窗右边点击 Peg 按钮，元素栏中成功创建一个 Peg 元素。再选中 Drawing2，按住左键拖动到 Peg 项目上，Drawing2 元素就与 Peg 建立了联系，如图 3-64。

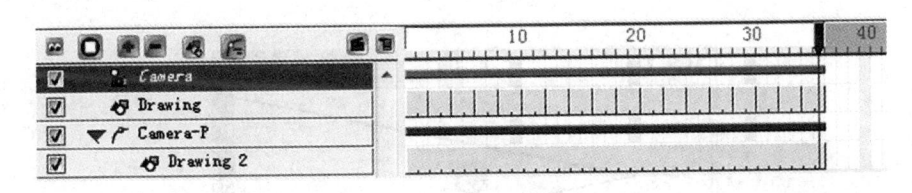

图 3-64

16. 点击 Motion（运动位点），Motion 命令是建立运动路径的重要工具，创建 Peg 元素后，必须点击该命令才能建立运动路径。

17. 建立开始和结尾的关键帧，在时间线上的第 1 帧和最后一帧处点击鼠标右键>弹出菜单>Add Keyframe（添加关键帧），如图 3-65。

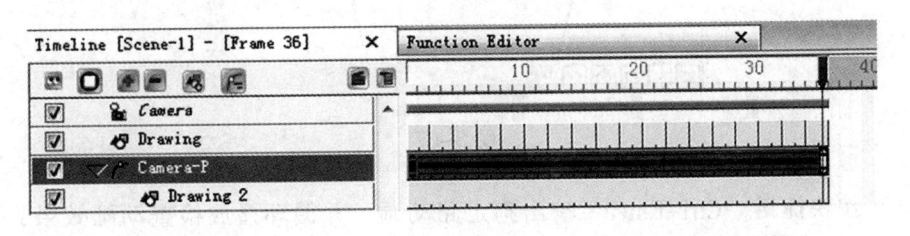

图 3-65

18. 选择最后一帧关键帧，这时会在 Camera View、Side View 或 Top View 三个视窗中看到一个红色的圆圈。红色圆圈的位置为系统默认的视窗正中心位置，可以使用 Select（选择工具）移动改变它的位置。拉出一条直线建立一个 Peg 的原始直线运动路径，然后根据需要，调整路径的运动形状，如图 3-66。也可以在 Side View、Top View 两个视窗中完成此操作，如图 3-67。以此便完成了狗在路上走路的运动轨迹效果,在此过程中要反复地调整移动的位置,以达到最好的画面效果。

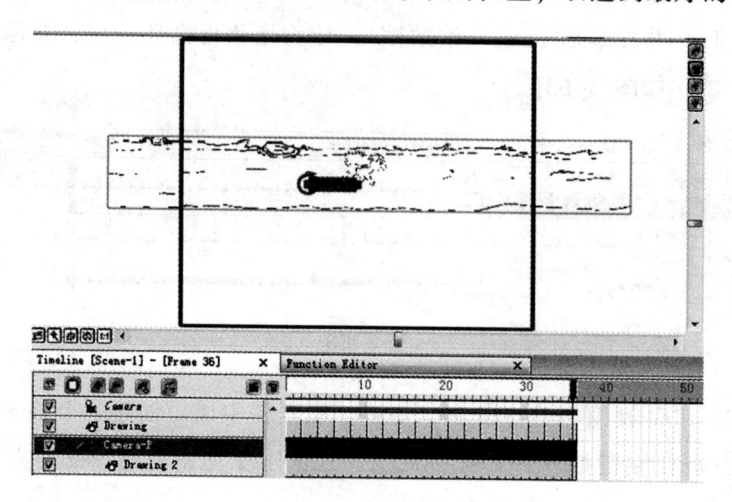

图 3-66

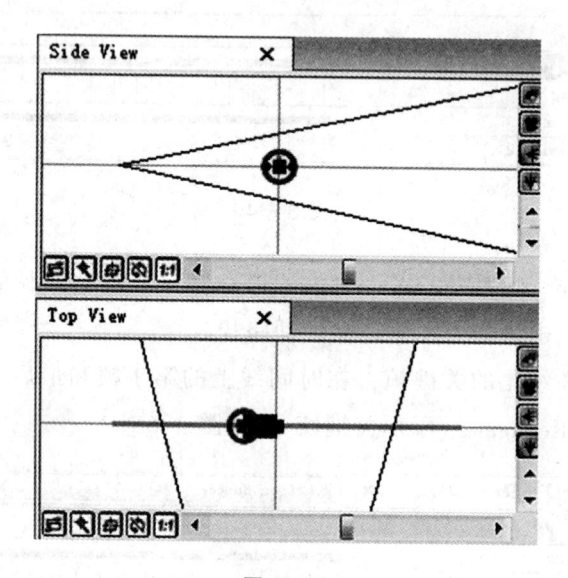

图 3-67

19. 按快捷键"Ctrl+Enter"输出狗走路动画,并循环播放检查动画效果,如图 3-68。

20. 按快捷键"Ctrl+S"保存工程文件。

21. 点击 File(文件)>Export Movie 导出电影,点击 Export Movie 命令,弹出如图 3-69 所示的视窗面板。

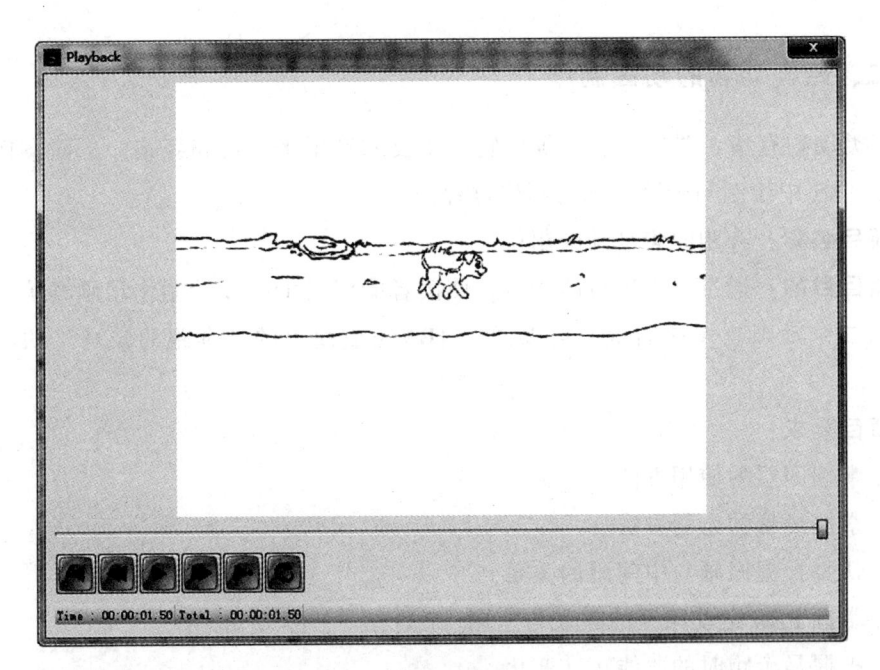

图 3-68

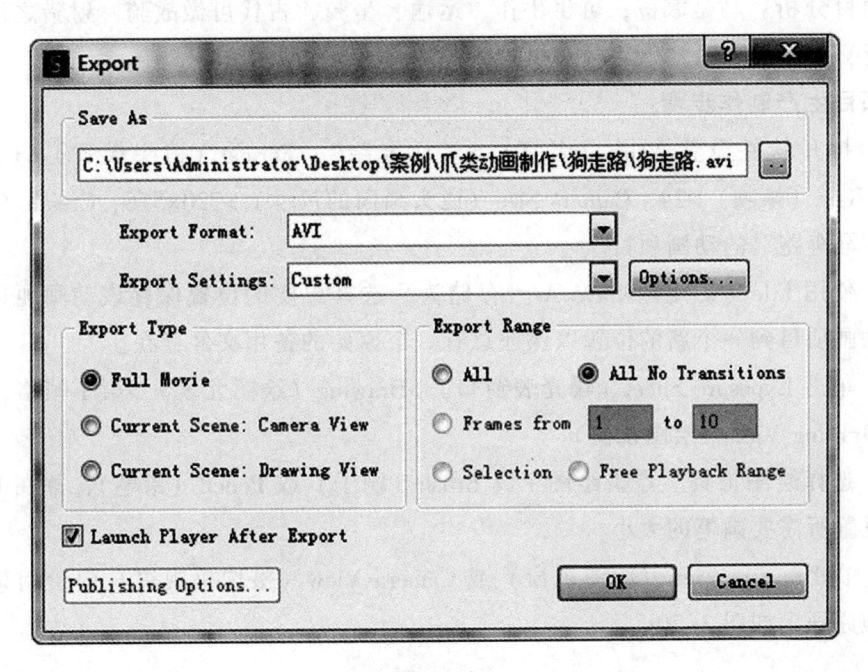

图 3-69

22. Save As 中选择要保存的文件夹，在 Export Format 对话框中选择 AVI、Export Type 选择 Full Movie、Export Range 选择 All No Transitions，点击 OK 保存。

二、蹄类动物的动画制作

蹄类动物有猪、羊、牛、马等，它们主要靠趾甲来行走和奔跑。下面案例具体讲解在 TBS 中绘制马奔跑动画的制作过程。

项目名称：奔跑的骏马动画制作

项目目的：通过对本项目的学习，使读者能应用 TBS 设计制作动画场景，掌握基本的二维动画制作的知识，可以通过 TBS 完成简单的"奔跑的骏马"的动画效果。

项目要求：

1. 掌握图层的使用方法。
2. 掌握场景的绘制方法。
3. 认真把握原画与中间画的关系。
4. 掌握 PEG 运动路径的建立与使用。
5. 把握马奔跑时的曲线运动变化。

项目分析：马是家畜，可供耕作、运输、坐骑，古代可做战骑、射猎之用，用途广泛，与人类的日常生活密切相关。

项目生产制作步骤：

1. 打开软件设置 Name（名字）>"马奔跑"，Format（镜头模式）>Custom，Frame Rate（帧频）>24，Camera Size（镜头画面的尺寸）>720×576，Create（创建）一个"马奔跑"的动画项目。

2. 使用 File（文件）>Save As（存储为）选择想要的位置保存该动画项目。存储此动画项目到一个新的位置以保证总有一个原始的备用文件存在。

3. 单击 Exposure Sheet（曝光表窗口）>Drawing（绘图元素）>第 1 帧格，然后点击 Drawing View（绘图视窗）。

4. 选择绘图工具。点击绘图工具 Brush（刷子）或 Pencil（铅笔），并在 Pen 面板上设置所需要画笔的大小。

5. 在 Drawing View（绘图视窗）或 Camera View（摄像机视窗）内绘制第一张马奔跑原画，如图 3-70。

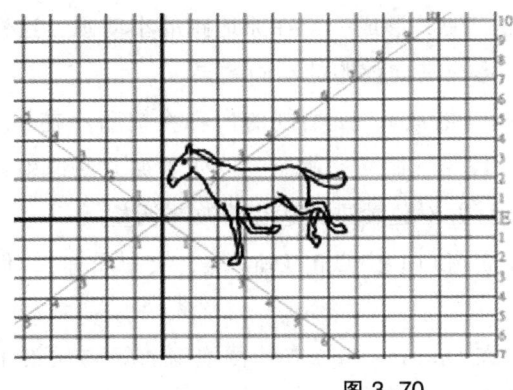

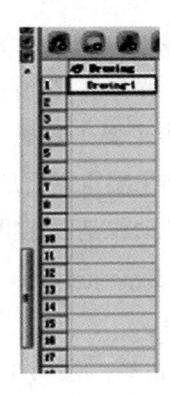

图 3-70

6. 在第 9 帧格中复制第 1 帧格的内容，完成第二张马奔跑原画，如图 3-71。

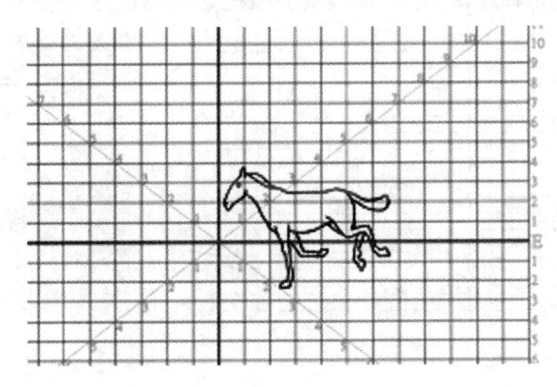

图 3-71

7. 单击第 2 帧格，并在工具条中打开 Turn Onion Skin Off（洋葱皮显示）/上下各显示 1 帧，第 1 帧画面会以红线轮廓的形式显示出来，前后画面就能相互对照；在 Drawing View（绘图视窗）或 Camera View（摄像机视窗）内绘制第一张马奔跑动画。在绘制过程中，前后画面之间参考规格框来规范它们的大小、位置关系。以此类推，绘制出其他中间画，如图 3-72。

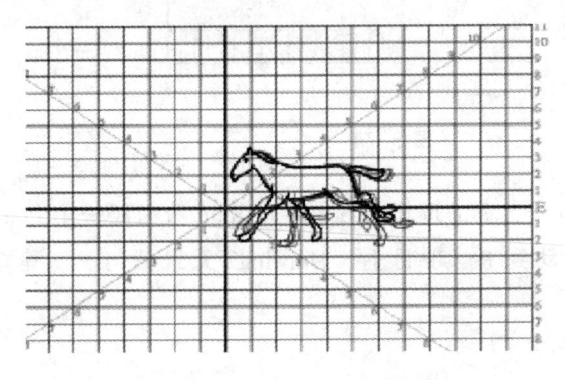

图 3-72

8. 调整每一帧马奔跑的位置，使其形成一个在原地跑的小动画，这样在后期就可以加上一张向后移动的背景，形成马向前跑的动画效果。

9. 点击主要工具条中的 Play（播放），所绘制的内容将按顺序在 View（视窗）内播放。如果想重复播放，选择 Loop（循环）按钮，以便更加方便地检查马奔跑原动画画面的动作是否连贯或缺失，并对位置进行适当修改与调整。

10. 在 Exposure Sheet（曝光表窗口）中点击 Drawing（绘图图标），创建一个新的绘画图层。

11. 单击第二层第 1 帧格，在 Drawing View（绘图视窗）第二层第 1 帧格内绘制一张简单的路面场景，如图 3-73。

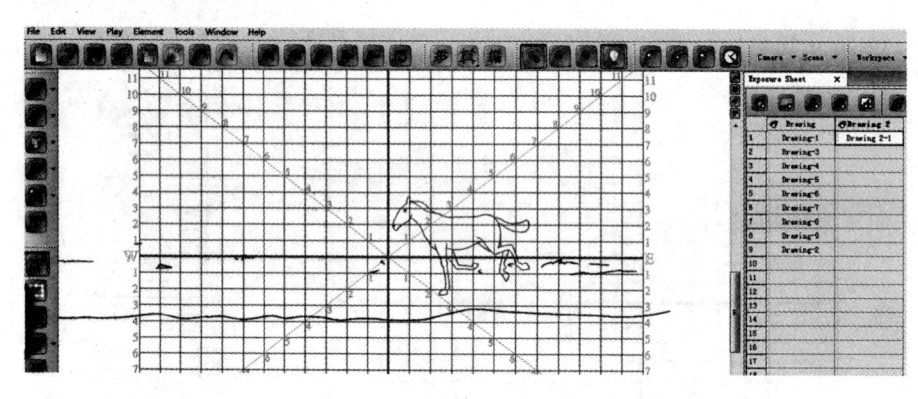

图 3-73

12. 点击 Workspaces 命令，在弹出的子菜单命令中选择 Scene Planning（场景平铺）命令，打开场景视窗。首先在 Timeline（时间线）中选中 Drawing 中的所有帧 Copy（复制帧），并在最后 Paste（粘贴帧），让马奔跑再循环一次，并延续 Drawing2 中的帧至 18 帧，如图 3-74。

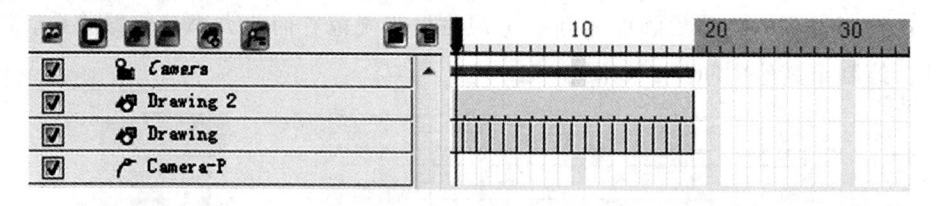

图 3-74

13. 在 Timeline 视窗右边点击 Peg 按钮，在元素栏中成功创建一个 Peg 元素；再选中 Drawing2，按住左键拖动到 Peg 项目上，Drawing2 元素就与 Peg 建立了联系，如图3-75。

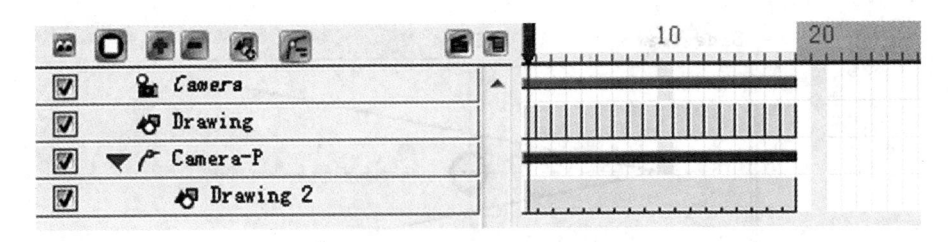

图 3-75

14. 点击 Motion（运动位点），Motion 命令是建立运动路径的重要工具，创建 Peg 元素后，必须点击该命令，才能建立运动路径。

15. 建立开始和结尾的关键帧，在时间线上的第 1 帧和最后一帧处点击鼠标右键>弹出菜单>Add Keyframe（添加关键帧），如图 3-76。

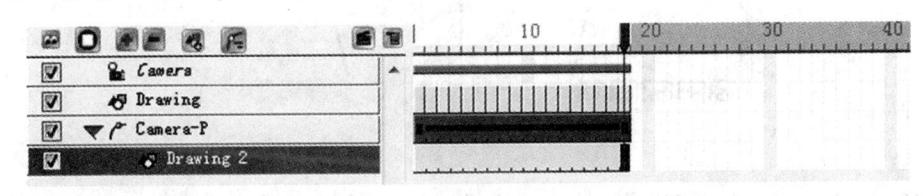

图 3-76

16. 选择最后一帧关键帧，这时会在 Camera View、Side View 或 Top View 三个视窗中看到一个红色的圆圈。红色圆圈的位置为系统默认的视窗正中心位置，可以使用 Select（选择工具）移动改变它的位置。拉出一条直线建立一个 Peg 的原始直线运动路径，然后根据需要，调整路径的运动形状，如图 3-77。也可以在 Side View、Top View 两个视窗中完成此操作，如图 3-78。以此便完成了马在路上奔跑的运动轨迹效果，在此过程中要反复地调整移动的位置，以达到最好的画面效果。

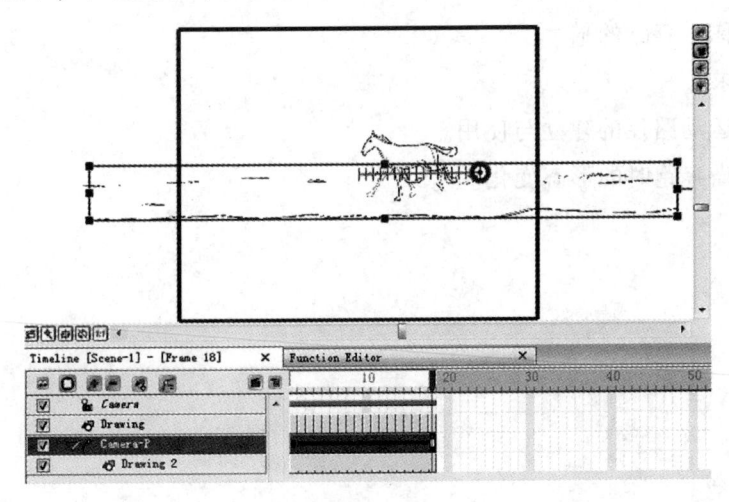

图 3-77

图 3-78

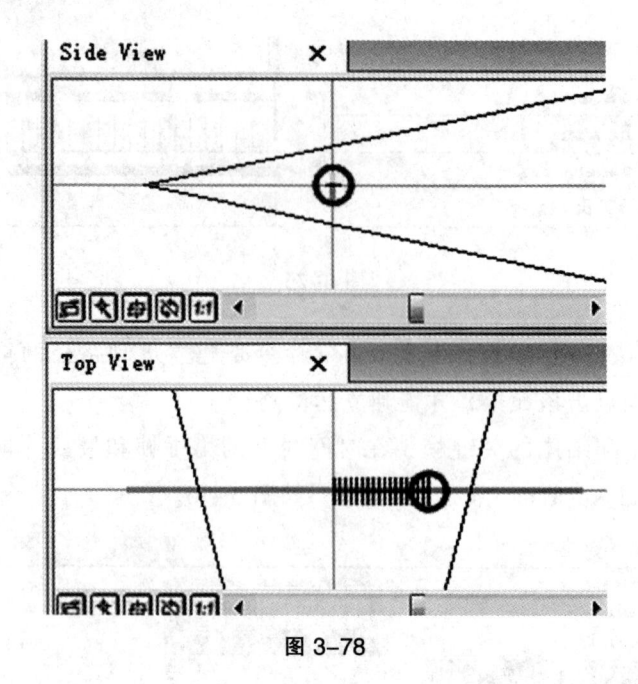

17. 按快捷键"Ctrl+Enter"输出马奔跑动画，并循环播放检查动画效果。

18. 按快捷键"Ctrl+S"保存工程文件。

19. 点击 File（文件）>Export Movie 导出电影，点击 Export Movie 命令，弹出视窗面板如图 3-69。

20. Save As 中选择要保存的文件夹，其中 Export Format 选择 AVI、Export Type 选择 Full Movie、Export Range 选择 All No Transitions，点击 OK 即可。

项目拓展

项目名称：奔跑的猫

项目要求：

1. PEG 运动路径的建立与使用。

2. 把握猫奔跑时的形态变化。

第四章　卡通形象的设计应用

第一节　动画场景的设计

一、动画场景设计的概念与范畴

动画影片的主体是动画角色，而动画场景设计是指动画影片中除角色造型以外的、随着时间改变而变化的一切景物的造型设计。

场景设计范畴涉及比较广，一般包括背景（内景和外景）和道具（场景中出现的物体）。随着故事的展开，围绕在角色周围、与角色发生关系的所有景物，即角色周围的生活场所、陈设器具、社会环境、自然环境以及历史环境，甚至包括作为社会背景出现的群众角色等，都是场景设计的范畴，也是场景设计要完成的设计任务。

下面用两个案例具体讲解在 TBS 中分别绘制室内场景和室外场景。

项目一

项目名称： 家居室内场景设计

项目目的： 通过对本项目的学习，使读者能应用 TBS 设计与制作动画场景，掌握基本的二维动画制作知识，能通过 TBS 设计简单的室内场景。

项目要求：

1. 掌握各元素图层的前后关系。
2. 掌握场景的设计元素和绘制方法。
3. 画面色彩的设计与色彩之间的搭配关系。
4. 掌握色彩的管理方法。

项目生产制作步骤：

1. 打开软件设置 Name（名字）>"室内场景"，Format（镜头模式）>Custom，

Frame Rate（帧频）>24，Camera Size（镜头画面的尺寸）>720×576，Create（创建）一个"室内场景"的动画项目，如图4-1。

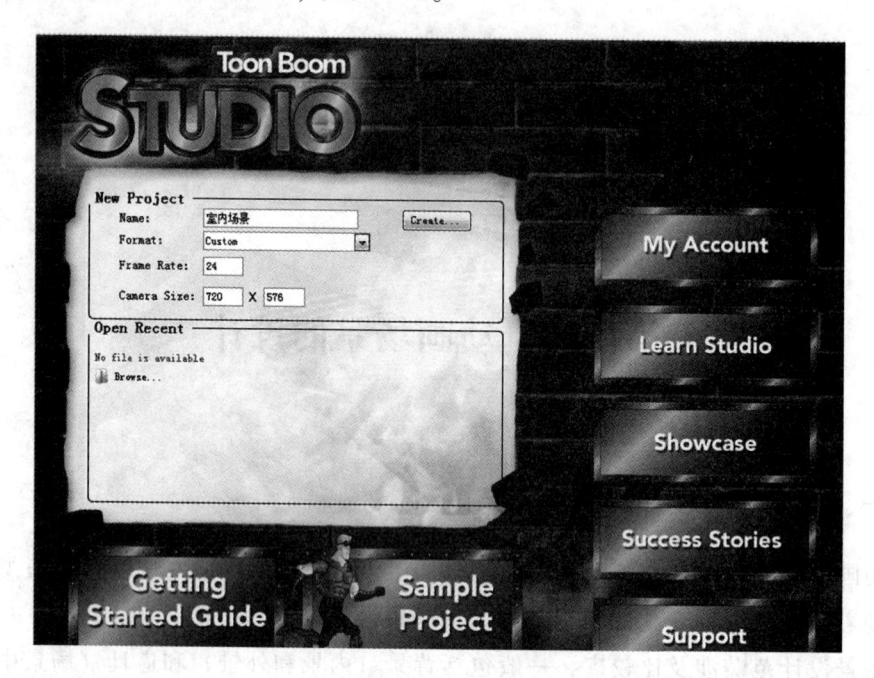

图 4-1

2. 使用File（文件）>Save As（存储为）选择想要的位置保存该动画项目。存储此动画项目到一个新的位置以保证总有一个原始的备用文件存在，如图4-2。

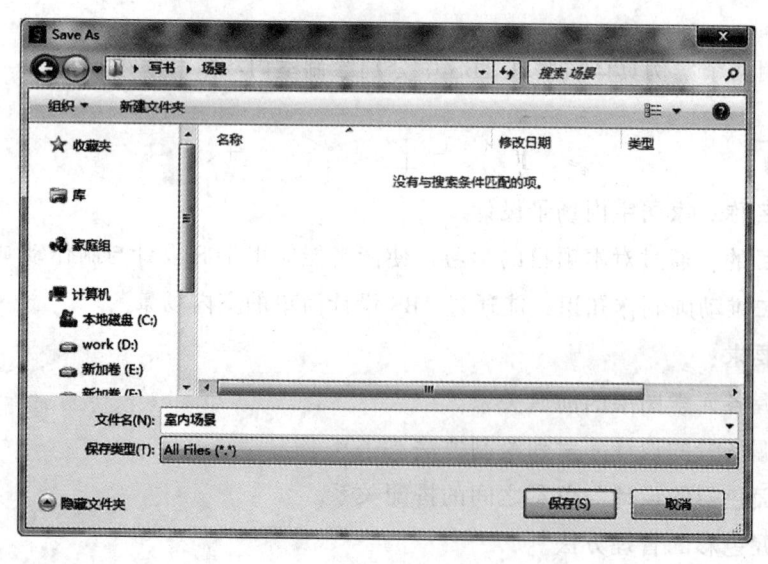

图 4-2

3. 单击 Exposure Sheet（曝光表窗口）>Drawing（绘图元素）>第 1 帧格，然后点击 Drawing View（绘图视窗），如图 4-3。

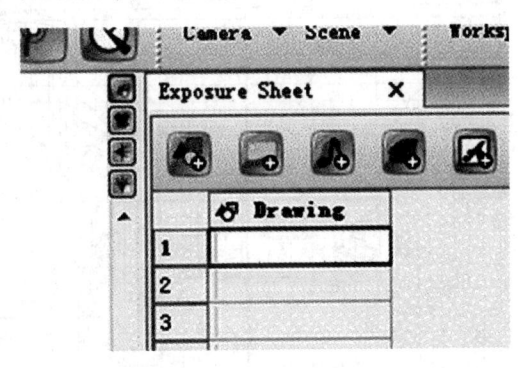

图 4-3

4. 选择绘图工具。点击绘图工具 Brush（刷子）或 Pencil（铅笔），并在 Pen 面板上设置所需要画笔的大小。

5. 在 Drawing View（绘图视窗）内绘制场景的草图，如图 4-4。

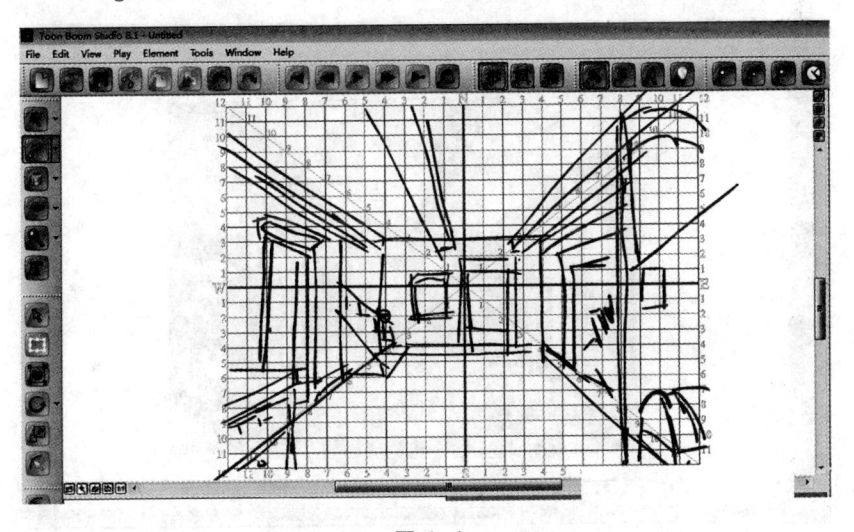

图 4-4

6. 单击 Timeline 面板中的 创建第二层，并在工具条中打开 Turn Onion Skin Off（洋葱皮显示）/左右显示帧，第一层画面会以灰线轮廓形式显示出来，前后画面就能相互对照；在 Drawing View（绘图视窗）内绘制场景线稿，在绘制过程中，要参考规格框来规范它们的大小、位置和透视关系，如图 4-5。

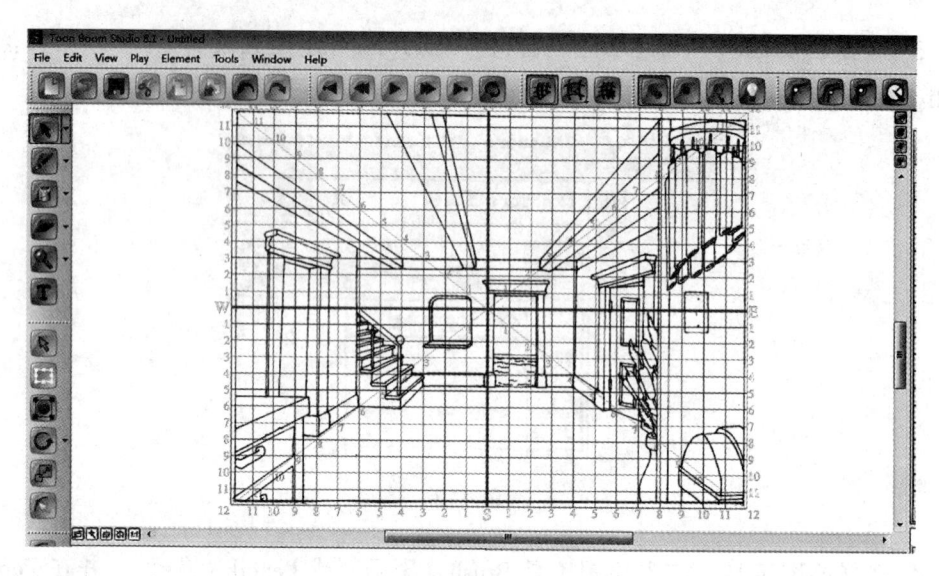

图 4-5

7. 打开 Colour Picker 面板，选取颜色在线稿图层里上色，最终设计效果如图 4-6。

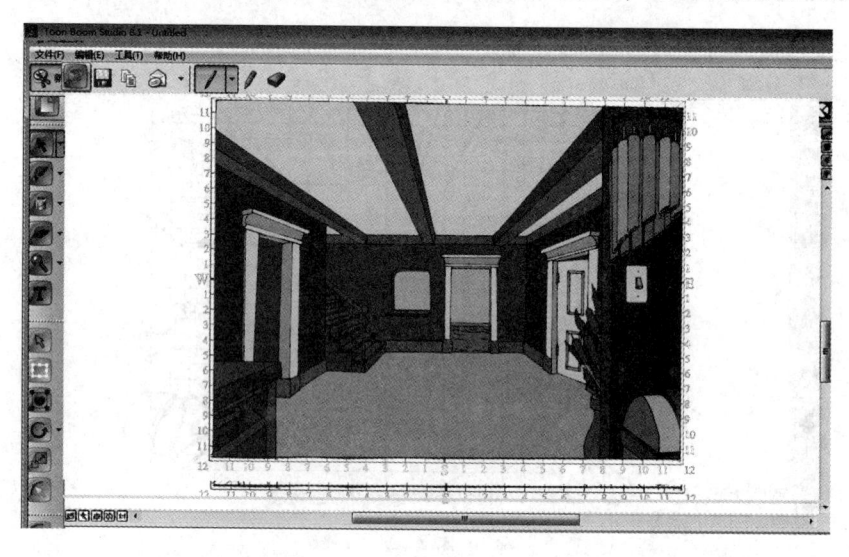

图 4-6

8. 按快捷键"Ctrl+S"保存工程文件。

以上是单图层场景设计，在动画制作过程中，由于形象运动会在场景中有前后变化，所以还要学会前、中、后景的图层设计与绘制。

项目二

项目名称：美术馆室外场景设计

项目目的：通过对本项目的学习，使读者能应用 TBS 设计与制作动画场景，掌握基本的二维动画制作的知识，能通过 TBS 完成简单的室外场景设计。

项目要求：

1. 掌握各元素图层的前后关系。

2. 掌握场景的设计元素和绘制方法。

3. 掌握画面色彩的设计与色彩之间的搭配关系。

4. 掌握色彩的管理方法。

项目生产制作步骤：

1. 打开软件设置 Name（名字）>"室外场景"，Format（镜头模式）>Custom，Frame Rate（帧频）>24，Camera Size（镜头画面的尺寸）>720×576，Create（创建）一个"室外场景"的动画项目。

2. 使用 File（文件）>Save As（存储为）选择想要的位置保存该动画项目。存储此动画项目到一个新的位置以保证总有一个原始的备用文件存在。

3. 单击 Exposure Sheet（曝光表窗口）>Drawing（绘图元素）>第 1 帧格，然后点击 Drawing View（绘图视窗）。

4. 选择绘图工具。点击绘图工具 Brush（刷子）或 Pencil（铅笔），并在 Pen 面板上设置所需要画笔的大小。

5. 在 Drawing View（绘图视窗）内绘制场景的草图，如图 4-7。

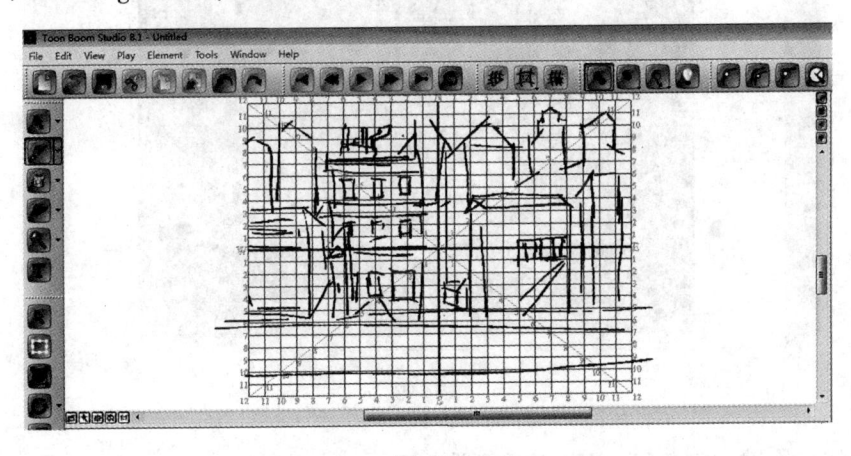

图 4-7

6. 单击 Timeline 面板中的 创建第二层，并在工具条中打开 Turn Onion Skin Off（洋葱皮显示）/左右显示帧，第一层画面会以灰线轮廓形式显示出来，前后画面就能相互对照；在 Drawing View（绘图视窗）内绘制场景线稿，在绘制过程中，要参考规格框来规范它们的大小、位置和透视关系，如图 4-8。

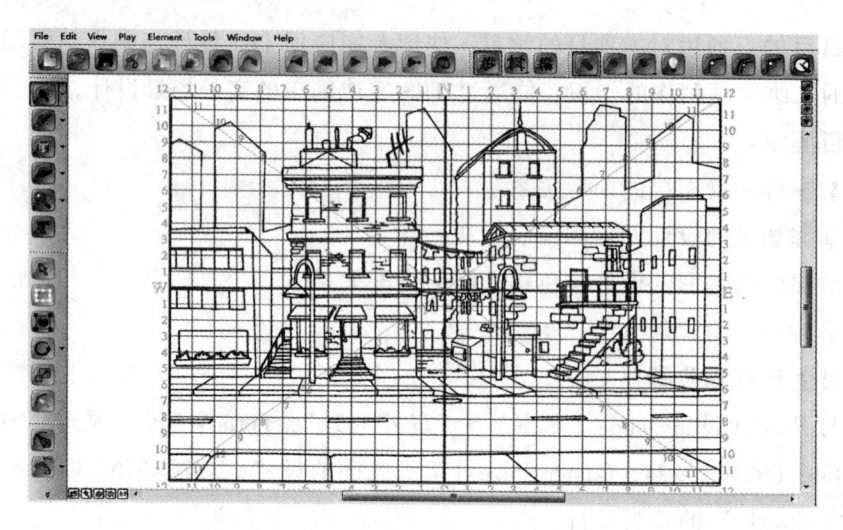

图 4-8

7. 对于前景层或中景层的物体，要分层画出，决不能在一层中绘制完成。分层绘制注意线条封闭状态，以便上色。

8. 打开 Colour Picker 面板，选取颜色在线稿图层里上色，最终设计效果如图 4-9。

图 4-9

9. 按快捷键"Ctrl+S"保存工程文件。

项目拓展

项目名称：商场室内外场景设计

项目要求：简单表达商场的室内外场景，注意简洁大方，周围的陪衬不要喧宾夺主。

第二节 动画角色的设计

角色是动画的灵魂，是一部动画片制作的基础，一个形象生动能吸引住观众的动画角色，是一部成功动画必不可少的因素。动画角色造型设计的不成功，恐怕会让整部动画片毁掉。很难想象，一个无法让观众有认同感的动画角色，它所演绎的故事会引人入胜。

下面两个案例将具体讲解在 Toon Boom Studio 中分别绘制角色的三视图和动态图。

项目一

项目名称：淘气小男孩的角色设计及三视图绘制

项目分析：孩子，尤其是男孩子，在七八岁时都是调皮的，以这个年龄为背景，设计淘气小孩子的角色形象及绘制正、侧、后三视图。

项目目的：通过本项目的学习，使读者能够更清晰地分析角色形象设计文本，然后提取突出特点，应用 TBS 进行简单的人物形象设计。

项目要求：

1. 抓住孩子的特征，表现出调皮捣蛋的气质。
2. 把握色彩的设计与色彩之间的搭配关系。
3. 把握形象在图层中的管理与组合。

项目生产制作步骤：

1. 打开软件设置 Name（名字）>"角色三视图"，Format（镜头模式）>Custom，Frame Rate（帧频）>24，Camera Size（镜头画面的尺寸）>720×576，Create（创建）一个"角色三视图"的动画项目。

2. 使用 File（文件）>Save As（存储为）选择想要的位置保存该动画项目。存储此动画项目到一个新的位置以保证总有一个原始的备用文件存在。

3. 单击 Exposure Sheet（曝光表窗口）>Drawing（绘图元素）>第 1 帧格，然后点击 Drawing View（绘图视窗）。

4. 选择绘图工具。点击绘图工具 Brush（刷子）或 Pencil（铅笔），并在 Pen 面板上设置所需要画笔的大小。

5. 在 Drawing View（绘图视窗）内绘制角色的正面草图。如图 4-10。

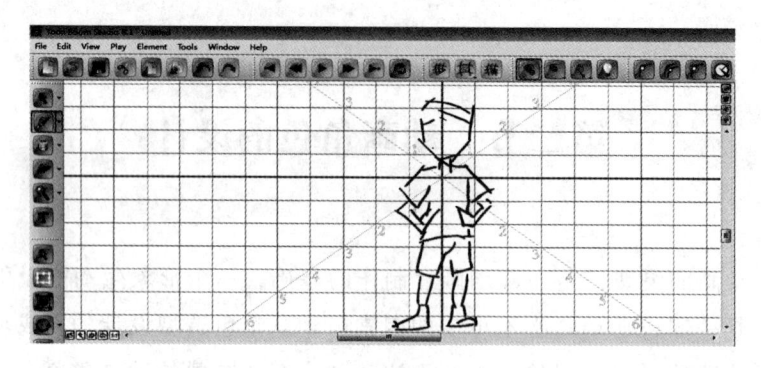

图 4-10

6. 单击 Timeline 面板中的 ![icon] 创建第二层,并在工具条中打开 Turn Onion Skin Off(洋葱皮显示)/左右显示帧,第一层画面会以灰线轮廓形式显示出来,前后画面就能相互对照;在 Drawing View(绘图视窗)内绘制场景线稿,在绘制过程中,要参考规格框来规范它们的大小、位置和透视关系,如图 4-11。

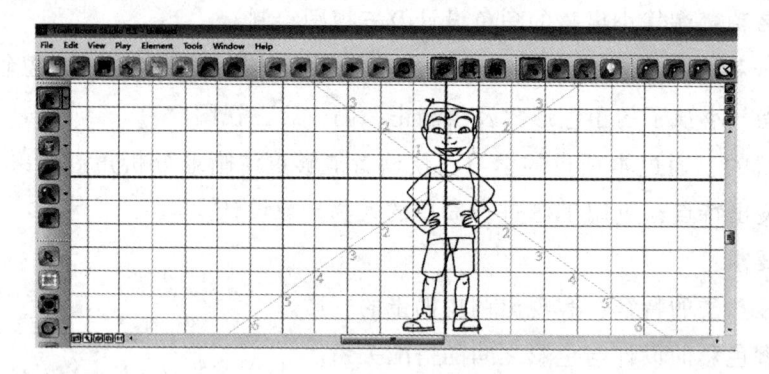

图 4-11

7. 打开 Colour Picker 面板,选取颜色在线稿图层里上色,如图 4-12。

图 4-12

8. 单击 Timeline 面板中的 ![icon] 创建第三层，在 Drawing View（绘图视窗）内绘制角色的 3/4 正面草图，如图 4-13。

图 4-13

9. 单击 Timeline 面板中的 ![icon] 创建第四层，并在工具条中打开 Turn Onion Skin Off（洋葱皮显示）/左右显示帧，第三层画面会以灰线轮廓形式显示出来，前后画面就能相互对照；在 Drawing View（绘图视窗）内绘制场景线稿，在绘制过程中，要参考规格框来规范它们的大小、位置和透视关系，如图 4-14。

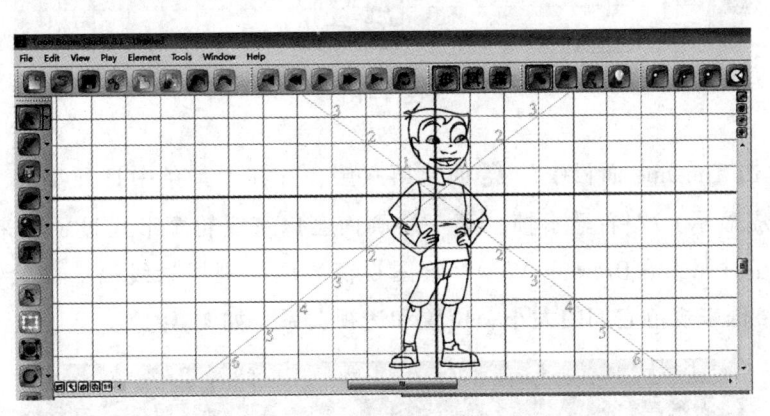

图 4-14

10. 打开 Colour Picker 面板，选取颜色在线稿图层里上色，如图 4-15。

11. 单击 Timeline 面板中的 ![icon] 创建第五层，在 Drawing View（绘图视窗）内绘制角色的背面草图，如图4-16。

133

图 4-15

图 4-16

12. 单击 Timeline 面板中的 创建第六层，并在工具条中打开 Turn Onion Skin Off（洋葱皮显示）/左右显示帧，第一层画面会以灰线轮廓形式显示出来，前后画面就能相互对照；在 Drawing View（绘图视窗）内绘制场景线稿，在绘制过程中，要参考规格框来规范它们的大小、位置和透视关系，如图 4-17。

图 4-17

13. 打开 Colour Picker 面板，选取颜色在线稿图层里上色，如图 4-18。

图 4-18

14. 按快捷键"Ctrl+S"保存文件到文件夹中。

项目二

项目名称：淘气小男孩的动态图绘制

项目分析：男孩子不同于女孩子，他的动作、行为都会以夸张的形式出现，本项目的难点在于怎样设计并绘制出淘气男孩的动态图。

项目目的：掌握原画设计的基本原理，能够根据故事需要，绘制出形象的原画。

项目要求：

1. 把握原画的动作设计。

2. 设计出原画的色彩效果。

3. 为下一步把握好一个完步所需原画的张数做好准备。

项目步骤：

1. 打开软件设置 Name（名字）>"角色动态图"，Format（镜头模式）>Custom，Frame Rate（帧频）>24，Camera Size（镜头画面的尺寸）>720×576，Create（创建）一个"角色动态图"的动画项目。

2. 使用 File（文件）>Save As（存储为）选择想要的位置保存该动画项目。存储此动画项目到一个新的位置将保证总有一个原始的备用文件存在。

3. 单击 Exposure Sheet（曝光表窗口）>Drawing（绘图元素）>第 1 帧格，然后点击 Drawing View（绘图视窗）。

4. 选择绘图工具。点击绘图工具 Brush（刷子）或 Pencil（铅笔），并在 Pen 面板上设置所需要画笔的大小。

5. 在 Drawing View（绘图视窗）内绘制角色的动态图草图，如图 4-19。

图 4-19

6. 单击 Timeline 面板中的 ![icon] 创建第二层，并在工具条中打开 Turn Onion Skin Off（洋葱皮显示）/左右显示帧，第一层画面会以灰线轮廓形式显示出来，前后画面就能相互对照；在 Drawing View（绘图视窗）内绘制场景线稿，在绘制过程中，要参考规格框来规范它们的大小、位置和透视关系，如图 4-20。

图 4-20

7. 打开 Colour Picker 面板，选取颜色在线稿图层里上色，如图 4-21。

图 4-21

8. 按快捷键"Ctrl+S"保存文件到文件夹中。

项目拓展

项目名称：《农夫与蛇》中农夫的形象设计。

项目要求：设计出《农夫与蛇》中农夫的形象，并绘制出动态图的三视图。

第五章 人物的动画制作

影片是通过人物与人物之间的情节发展来叙述故事的。在动画片中，这些复杂的故事情节以及思想与情感主要靠动画创作人员画出剧中人物的形体动作和表情来表达。

第一节 人物走路动画制作

人走路的动作主要是左右腿交替进行，同时配合双手前后摆动。双手摆动幅度的大小与双脚跨步的大小有关：跨步小，双手摆动亦小；跨步大，双手摆动亦大。人的走路动作是呈高低起伏的波形曲线，手与脚的关系是左右相反交叉，切忌同向手脚运动，这样会失去平衡。

项目名称：人物行走的动画制作

项目目的：通过对本项目的学习，使读者能应用 TBS 来设计与制作动画场景，掌握基本的二维动画制作的知识，能通过 TBS 完成简单的人物行走的动画效果。

项目要求：

1. 把握原画的动作设计。
2. 处理好原画与中间画的关系。
3. 把握好一个完步所需原画的张数。
4. 控制动画的运动节奏。
5. 掌握一个完步的跑步动作和循环处理。

项目生产制作步骤：

1. 打开软件设置 Name（名字）>"人物行走"，Format（镜头模式）>Custom，Frame Rate（帧频）>24，Camera Size（镜头画面的尺寸）>720×576，Create（创建）一个"人物行走"的动画项目。

2. 使用 File（文件）>Save As（存储为）选择想要的位置保存该动画项目。存储此动画项目到一个新的位置以保证总有一个原始的备用文件存在。

3. 单击 Exposure Sheet（曝光表窗口）>Drawing（绘图元素）>第 1 帧格，然后点击 Drawing View（绘图视窗），如图 5-1。

图 5-1

4. 选择绘图工具。点击绘图工具 Brush（刷子）或 Pencil（铅笔），并在 Pen 面板上设置所需要画笔的大小。

5. 在 Drawing View（绘图视窗）或 Camera View（摄像机视窗）内绘制第一张人物走路原画，如图 5-2。

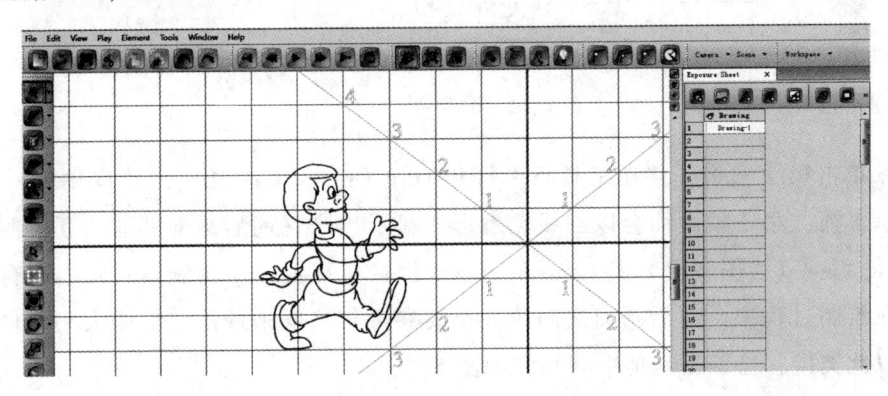

图 5-2

6. 单击第 5 帧格，并在工具条中打开 Turn Onion Skin Off（洋葱皮显示）/上下各显示 1 帧，第 1 帧画面会以红线轮廓形式显示出来，前后画面就能相互对照；在 Drawing View（绘图视窗）或 Camera View（摄像机视窗）内绘制第二张人物行走原画，在绘制过程中，前后原画之间要参考规格框来规范它们的大小、位置关系，如图 5-3。

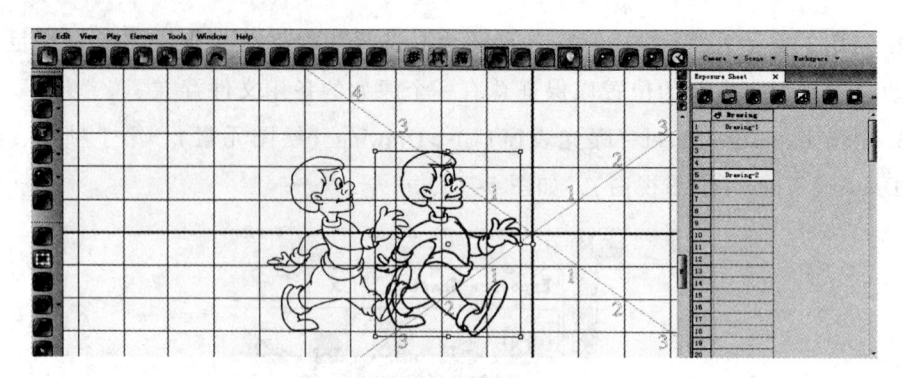

图 5-3

7. 在第 9 帧格中复制第 1 帧格的内容，完成第三张人物行走原画，如图 5-4。

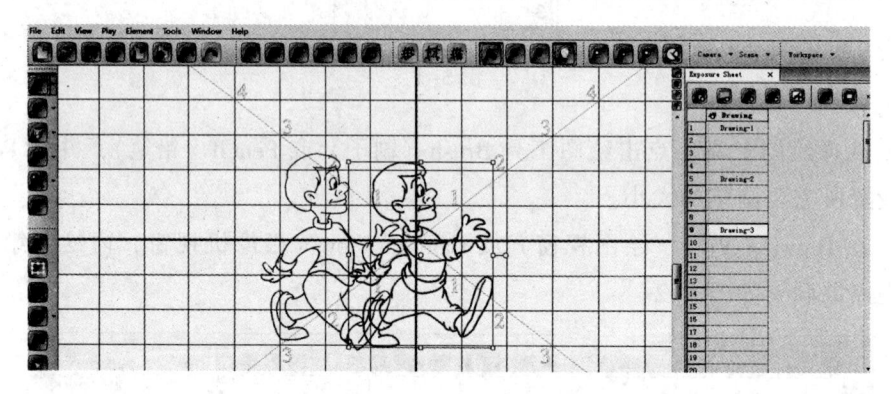

图 5-4

8. 单击第 2 帧格，并在工具条中打开 Turn Onion Skin Off（洋葱皮显示）/上下各显示 1 帧，第 1 帧画面会以红线轮廓形式显示出来，前后画面就能相互对照；在 Drawing View（绘图视窗）或 Camera View（摄像机视窗）内绘制第一张人物行走动画，在绘制过程中，前后画面之间的大小要参考规格框来规范它们的大小、位置关系。以此类推，绘制出其他中间画，如图 5-5。

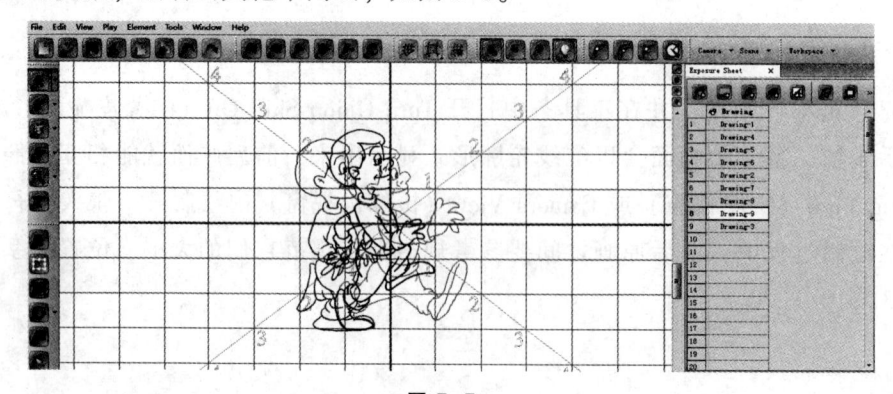

图 5-5

9. 点击工具条中的 Play（播放），所绘制的内容将按顺序在 View（视窗）内播放。如果想重复播放，选择 Loop（循环）按钮，以便更加方便的检查人物走路原动画画面的动作是否连贯或缺失，并对位置进行修改与调整。

10. 让人物走路是一拍三的速度播放，调整人物走路动画的播放速度，选择第 1 帧格右键选择 Set Exposure To 3 增加律表，使第 1 帧变为 3 帧，以此类推，每一帧都播放 3 帧，如图 5-6。

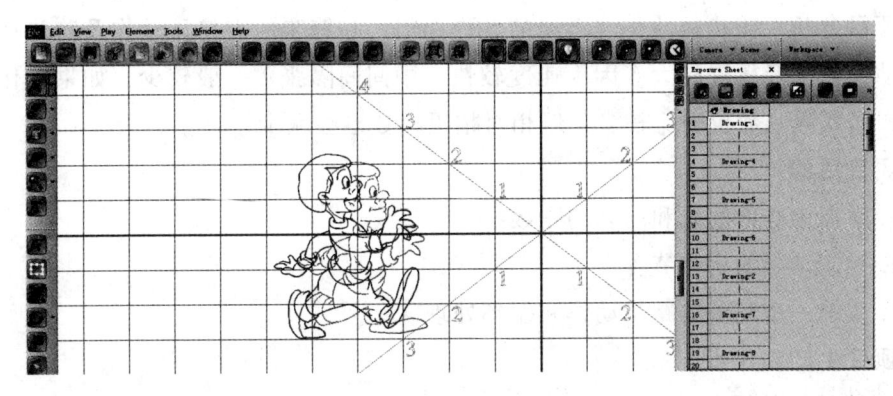

图 5-6

11. 按快捷键"Ctrl+Enter"输出人物行走动画，并循环播放检查动画效果。

12. 按快捷键"Ctrl+S"保存工程文件。

13. 点击 File（文件）>Export Movie 导出电影，点击 Export Movie 命令，弹出视窗面板。

14. Save As 中选择要保存的文件夹，Export Format 选择 AVI、Export Type 选择 Full Movie、Export Range 选择 All No Transitions，点击 OK 保存。

项目拓展

项目名称：慢走的老人动画制作

项目要求：

1. 把握老人运动与青年人运动的区别。

2. 把握老人原画和动画的张数。

3. 控制老人走路的节奏。

4. 设计出老人的运动场景。

5. 合成 3 秒钟的动画视频。

第二节　人物奔跑动画制作

项目名称：奔跑的山娃

项目分析：跑步的动作与走路的动作相似，在跨步前有挤压动作及跨步伸展动作，动作弧度及轨迹较大。因为速度较快，中间间隔张数一般较少，如果动作较细腻，中间间隔张数也会比较多，但相对拍摄格数也会减少。

项目目的：

1. 掌握山娃的原画和动画的张数。

2. 控制动画的运动节奏。

3. 掌握一个完步的跑步动作和循环处理。

项目生产制作步骤：

1. 打开软件设置 Name（名字）>"人物奔跑"，Format（镜头模式）>Custom，Frame Rate（帧频）>24，Camera Size（镜头画面的尺寸）>720×576，Create（创建）一个"人物奔跑"的动画项目。

2. 使用 File（文件）>Save As（存储为）选择想要的位置保存该动画项目。存储此动画项目到一个新的位置以保证总有一个原始的备用文件存在。

3. 单击 Exposure Sheet（曝光表窗口）>Drawing（绘图元素）>第1帧格，然后点击 Drawing View（绘图视窗）。

4. 选择绘图工具。点击绘图工具 Brush（刷子）或 Pencil（铅笔），并在 Pen 面板上设置所需要画笔的大小。

5. 在 Drawing View（绘图视窗）或 Camera View（摄像机视窗）内绘制第一张人物奔跑原画，如图 5-7。

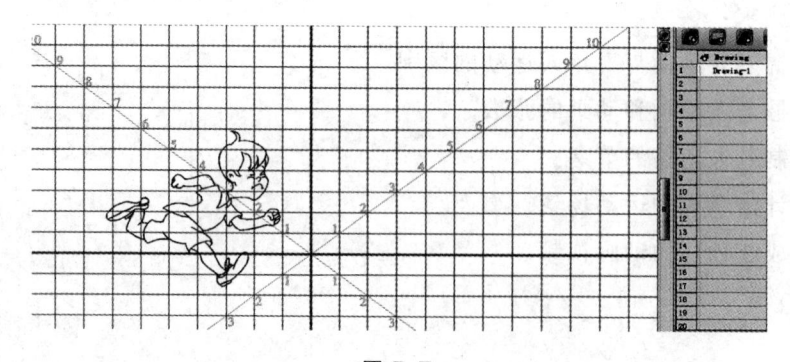

图 5-7

6. 单击第 5 帧格,并在工具条中打开 Turn Onion Skin Off(洋葱皮显示)/上下各显示 1 帧,第 1 帧画面会以红线轮廓形式显示出来,前后画面就能相互对照;在 Drawing View(绘图视窗)或 Camera View(摄像机视窗)内绘制第二张人物奔跑原画,在绘制过程中,前后原画之间要参考规格框来规范它们的大小、位置关系,如图 5-8。

图 5-8

7. 单击第 2 帧格,并在工具条中打开 Turn Onion Skin Off(洋葱皮显示)/上下各显示 1 帧,第 1 帧画面会以红线轮廓形式显示出来,前后画面就能相互对照;在 Drawing View(绘图视窗)或 Camera View(摄像机视窗)内绘制第一张人物奔跑动画;在绘制过程中,前后画面之间要参考规格框来规范它们的大小、位置关系。以此类推,绘制出其他中间画,如图 5-9。

图 5-9

8. 在第 9 帧格中复制第 1 帧格的内容,完成第三张人物行走原画,使人物奔跑形成一个循环,如图 5-10。

143

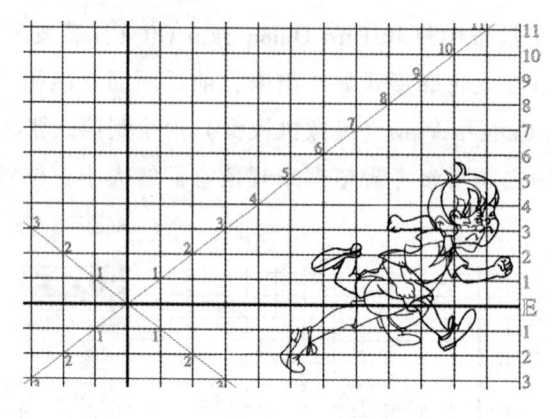

图 5-10

9. 点击工具条中的 Play（播放），所绘制的内容将按顺序在 View（视窗）内播放。如果想重复播放，选择 Loop（循环）按钮，以便更加方便地检查人物奔跑原动画画面的动作是否连贯或缺失，并对位置进行修改与调整。

10. 人物走路是一拍二的速度播放，调整人物走路动画的播放速度，选择第 1 帧格右键选择 Set Exposure To 2 增加律表，使第 1 帧播放 2 帧，以此类推，每一帧都播放两帧，如图 5-11。

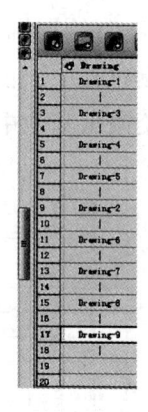

图 5-11

11. 按快捷键"Ctrl+Enter"输出人物奔跑动画，并循环播放检查动画效果，如图 5-12。

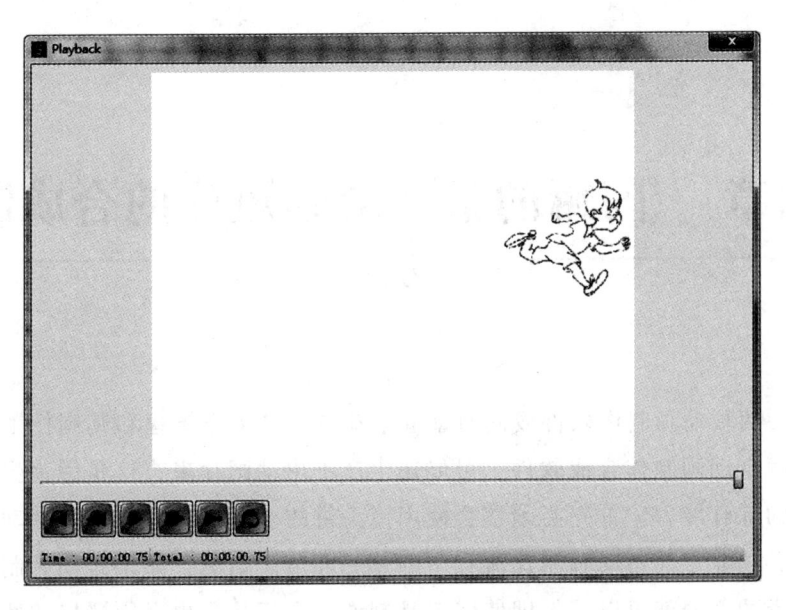

图 5-12

12. 按快捷键"Ctrl+S"保存工程文件。

13. 点击 File（文件）>Export Movie 导出电影，点击 Export Movie 命令，弹出视窗面板。

14. Save As 中选择要保存的文件夹，Export Format 选择 AVI、Export Type 选择 Full Movie、Export Range 选择 All No Transitions，点击 OK 保存。

项目拓展

项目名称：奔跑的少女

项目要求：

1. 表现出少女轻盈、阳光的形象。

2. 把握少女原画和动画的张数。

3. 控制少女奔跑的节奏。

4. 设计出少女跑步的场景。

5. 合成 3 秒钟的动画视频。

第六章 《阿嬷的话》动画短片的合成制作

掌握一两款动画制作软件或同时掌握了动画片的生产流程和其制作工艺，以及掌握了一两个动画制作合成软件，可能还生产不出动画片来，这是因为生产动画应具备一定的综合能力：首先必须学会使用镜头讲故事；其次要熟练掌握动画应用软件；最后必须非常熟悉动画制作流程中的每一环节。当然，如果是团队制作，只需熟练所负责的部分就可以了。即使仅仅是制作一个短片，也必须严格按照生产流程和制作工艺来生产。下面按照数字动画的生产模式来讲述动画制作的生产流程。

项目名称：《阿嬷的话》

项目分析：

1.《阿嬷的话》是由马玉丹、董金霞、林雅琼、苏贝思、杨晨晨五人组成的小型原创二维动画团队制作的动画短片。团队成员分工明确，基于团队成员的专业特长，对分镜头设计、角色设计、场景设计、原动画设计、配音配乐一系列重要岗位进行了合理配置，这样的团队结构对学生在校阶段的动画创作模式具有十分有价值的参考借鉴意义。

2.《阿嬷的话》依托于福建泉州的地域性文化遗产——木偶戏文化。为了深入挖掘民间艺术的丰富内涵，客观真实反映地方文化特色及魅力，动画制作前期的策划阶段要深入实地考察，走访当地木偶戏艺术家和民俗文化爱好者，充分收集文字、图片、声音等形式的调研资料，为后续创作做素材积累。

3.《阿嬷的话》采用标准的二维数字动画制作流程，对项目开展必须使用的以及具有辅助功能的设备应做好合理规划，在预算允许的范围内完成设备的采购、借用或设备替代方案。通常情况下，台式电脑、数位手绘板属于必须设备；数码相机、麦克风、打印机、扫描仪为辅助设备；其他可能用到的小型设备还有拷贝台、移动硬盘等。

4.《阿嬷的话》二维动画项目需要做好严格的时间进度规划安排，根据综合实际情况，合理设置好各阶段成果验收的时间节点，明确团队成员各自应完成的工作量。制作过程中团队成员应保持及时有效的沟通，某一环节出现问题时，团队负责人需要积极应对，及时调整、安排解决方案，保证项目高效率、高质量完成。

项目目的：通过本片的制作，能够完整地掌握动画制作流程，对二维动画制作步骤和每个工序的能力要求都有明确清晰的认知，从而培养动画生产的实践经验，达到本阶段软件操作及项目综合调控能力培养的教学要求，为后续进入企业参与商业实训项目的顺利衔接做铺垫。

项目实训：本项目将通过以下流程，展现《阿嬷的话》的动画制作过程。

一、前期的策划、构思和筹备

这是一个动画制作前非常重要的准备工作，在这个阶段必须完成以下几个问题。

1. 剧本

（1）编创剧本。把小说或故事改编或创作成符合影视表现手法的、具有场景式描述的文字剧本。如果是商业影视动画片，在编创剧本前还必须考虑影片的消费定位、受众群体和市场营销以及衍生产品的生产与营销，对这个问题，不再做主要分析。下面从剧本环节向大家讲解动画的制作流程。

《阿嬷的话》故事梗概：

在一条铺满泥土的小路两旁，有着古老而又破旧的木头红砖瓦房，小树依偎着大树、大树依偎着破旧的房子，远处开始传来《阿嬷的话》这首歌，跟着声音来到一间石头房子前，房门前放满柴火，左边放着一个长方形的石板凳，右边有一个旧石磨，门上贴着已经有点破旧而且褪色的春联，门上还有两个生锈的门叩。

这时木门缓缓打开，阳光照射进屋内。屋子里正对面有一张案台，台上放着老爷爷的黑白照片，墙上挂着很多提线木偶，屋内正中央有一张方桌和四条长凳，阿嬷和阿孙面对面坐着。

孙子一边把玩着手中的提线木偶，一边唱着《阿嬷的话》，阿嬷低头缝制着木偶。

阿嬷起身，开始给孙子表演木偶戏，她灵活有序地一边拿着线轴、一边提着线操控木偶，阿嬷转头看着孙子微笑，孙子被木偶表演逗乐，开心地笑了。

院子里，孙子开心地拿着阿嬷制作的木偶跑来跑去，人也慢慢地长大了。阿嬷在墙边浇着花，盆中的花朵也跟着孙子一起长大。

孙子拿着奶奶做的孙悟空木偶去找小伙伴玩耍，一路蹦蹦跳跳非常开心，他在森林里淘气地探出头，看到三个小伙伴围成一圈。孙子悄悄地靠近，想拿出自己的玩具给他们一个惊喜，走上前才看清，他们蹲在地上玩着奥特曼、小汽车和飞机等城市里新奇的玩具，小伙伴拿出奥特曼向小男孩炫耀，孙子自卑地将手中的木偶藏在身后，伤心地哭着跑了回去。

阿嬷坐在院子里的石凳上歇息，孙子生气地跑到阿嬷面前扔掉了木偶，木偶被摔成几块，阿嬷叹了一口气，慢慢走过去捡起木偶，轻轻地拍掉上面的灰尘。

深夜，阿嬷点上了油灯给孙子缝补好木偶，放在孙子枕边。第二天清晨电话铃响起，孙子高兴地去接妈妈打来的电话，要回城里和爸妈一起生活了，孙子放下电话后开始收拾行李，却把木偶留在了枕边。孙子坐在汽车上就要离开，后视镜中阿嬷一步步向汽车的方向赶来，在汽车即将启动时费力地将木偶扔进窗口。孙子难过地捡起木偶，回过头趴在玻璃窗，拿着木偶向阿嬷挥手。阿嬷站在原地默默流着眼泪，过了一会儿，缓慢地转过身子佝偻着背走回家。

院子里的花慢慢地凋谢了，案台上阿公的照片旁又多了阿嬷的照片，还有那个熟悉的孙悟空木偶。孙子长大后传承了提线木偶的技艺，可惜阿嬷已经看不到了。

(2) 分镜头脚本。又叫文字和画面的设计工作，用描述性的文字把每个镜头里的内容表达出来，然后由导演把文字脚本转换成画面分镜头台本，也可将文学剧本直接转成画面分镜头台本，画面分镜头台本是整个动画片生产的蓝本和依据。

文字分镜脚本，见表6-1。

表6-1

镜头号	时间	画面内容	对白	音效	景别	镜头运动
Sc1	17s	一条铺满泥土的小路两旁种着小树大树，远处一间破旧的砖瓦房。	无	鸟叫声	远景	移镜下-上
Sc2	5s	一间石头房子，房门前放满柴火，左边放着一个长方形的石板凳，右边有一个旧石磨，门上贴着已经有点破旧而且褪色的春联，门上还有两个生锈的门叩。木门缓缓打开，阳光照射进屋内。	孙子唱歌：阿嬷您现在在哪里？我叫您您可有听到？我认真和您的成功可有看到？我叫您您知道吗？	鸟叫声	大全景-全景	推镜远-近
Sc3	1s	屋内正中央有一张方桌和四条长凳，阿嬷和阿孙对面坐着，墙上挂着很多提线木偶。			全景	无
Sc4	1s	阿嬷低头缝制着木偶，桌上摆着很多工具。			中景	无
Sc5	5s	屋子里正对面有一张案台，台上放着爷爷的黑白片、香炉、保暖瓶、电话。一只蜘蛛爬下来。			近景	无
Sc6	9s	孙子把玩着手中的提线木偶，两腿前后踢着。奶奶起身。			全景	无
Sc7	1s	奶奶看着墙边挂着的一排木偶，抬起胳膊。			中景	无
Sc8		奶奶的手向木偶伸去。			特写	无
Sc9	11s	奶奶一手拿着线轴，一手提着线操控木偶，给孙子表演木偶戏。			全景-特写	推镜远-近
Sc10	4s	孙子哈哈大笑。		孙子笑声	特写	无

续表

镜头号	时间	画面内容	对白	音效	景别	镜头运动
Sc11	17s	院子里，孙子拿着阿嬷制作的木偶从右到左再从左到右奔跑，人也慢慢地长大了。阿嬷在墙边浇着花，盆中的花朵也跟着孙子一起长大。		鸟叫声	大全景	无
Sc12	6s	孙子向树林走去。		鸟叫声	大全景	无
Sc13	3s	孙子从树后探出脑袋。		一群小孩子笑声	全景	无
Sc14	2s	三个小孩聚在一起玩耍的背影。		一群小孩子笑声	大全景-全景	推镜远-近
Sc15	6s	孙子靠近三个小孩身边，看清他们蹲在地上玩着奥特曼、小汽车和飞机等玩具。	孙子：嗨！咦？		全景-中景	推镜远-近
Sc16	2s	一个小孩拿出奥特曼。			特写	无
Sc17	5s	孙子看看手里的孙悟空木偶，悄悄藏在身后。			中景	无
Sc18	3s	孙子眼睛里泛起泪花。			特写	无
Sc19	2s	孙子从小树林里面跑出来。			大全景	无
Sc20	5s	孙子回到院子里，将木偶扔在阿嬷面前，木偶被摔成几块。	孙子：哼！		全景	无
Sc21	14s	阿嬷叹了一口气，慢慢捡起木偶，轻轻地拍掉上面的灰尘。	奶奶：哎！		特写	无
Sc22	3s	油灯忽明忽暗。			特写	无
Sc23	2s	阿嬷在油灯下缝补木偶。			中景	无
Sc24	5s	阿嬷被针扎到手指，流出血。			特写	无
Sc25	2s	阿嬷看着出血的手指。			中景	无
Sc26	3s	孙子在房间里睡觉，房间从暗到亮。		公鸡打鸣声	全景	无
Sc27	2s	妈妈打来电话。		电话铃响声	特写	无
Sc28	6s	孙子站在电话边说了很久，面带笑容。			中景	无
Sc29	4s	孙子在床边收拾东西放入行李箱，看了一眼枕边的孙悟空木偶。			全景	无
Sc30	2s	孙子提起行李箱把手。			特写	无
其他镜头略						

二维动画项目制作 Toon Boom Studio 技能应用

根据表 6-1 的文字分镜脚本画出导演分镜头台本（草图）来，如图 6-1、图 6-2。

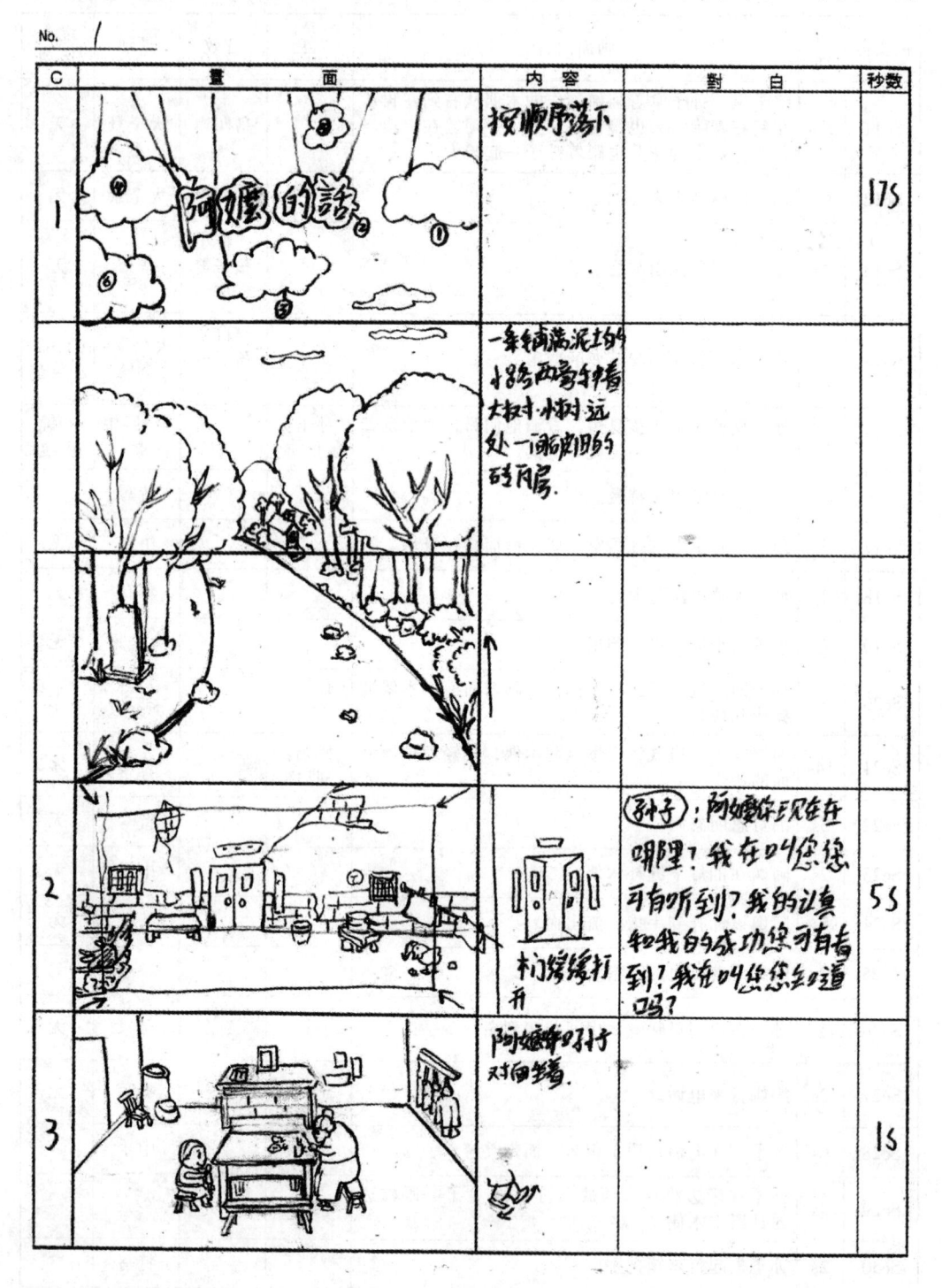

图 6-1

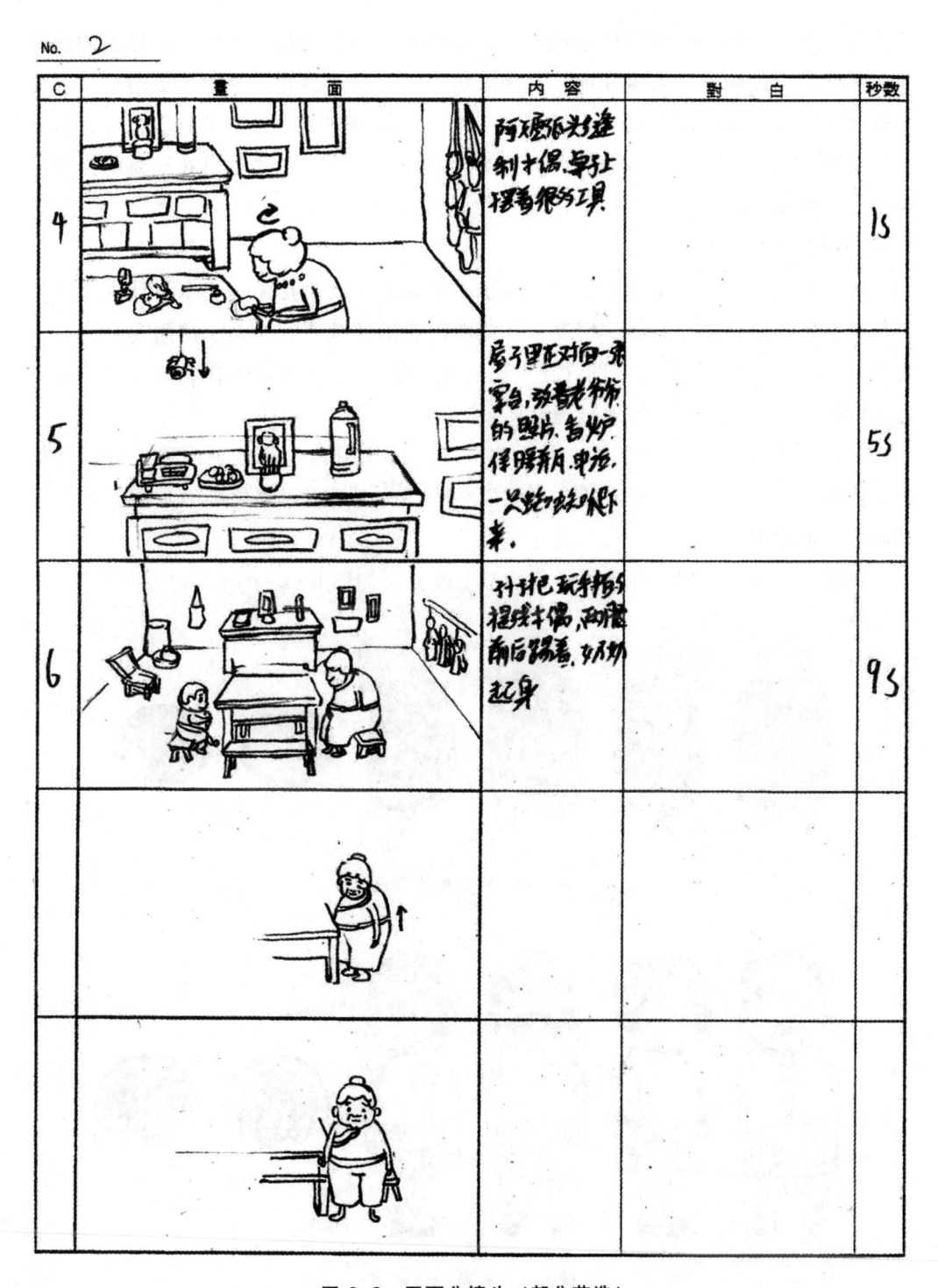

第六章 《阿嬷的话》动画短片的合成制作

No. 2

C	畫　面	內　容	對　白	秒數
4		阿嬷聚精会神制木偶,桌子上摆着很多工具		1s
5		房子里正对面一张案台,放着老爷爷的照片,香炉,燃烧着的申花,一只蟑螂爬下来。		5s
6		小孩把玩手指头捏残木偶,动作前后跟着,奶奶起身		9s

图 6-2　画面分镜头（部分节选）

文字分镜头脚本和导演分镜头台本工作是整个动画生产制作的前提，没有导演分镜头台本，下面的工作将无法进行，这就体现了导演的地位和作用。导演的地位并不是自电影发明以来就确立的，是随着影视艺术的个性化发展而形成的，一部作品体现着导演的风格和心血。在动画制作中，导演要用镜头画面讲故事，也就是需要导演把文字性的剧本转换成画面分镜头台本，当然这个工作也可在导演的指导下由专门的画家担任。

2. 形象及场景的设计

（1）人物设定。依据叙事剧本将故事中的人物或动物形象一个个设计出来。包括每一个形象的高、矮、胖、瘦等，并要画出它的四视图（正面、侧面、3/4 侧面、背面），以及这个形象的表情图（喜、怒、哀、乐等）；主要动态图，甚至包括动画形象所使用的服装、器皿等道具图也要画出来。

人物形象四视图、表情图、主要动态图、道具图和色彩效果图称之为设计模板。依据这个模板，保证形象从头至尾的一致性，而不至于开始画的是形象 A 最后却画成了形象 B。

根据剧本设计出阿嫲和孙子形象的造型模板。如图 6-3、图 6-4。

图 6-3 阿嫲的六视图

图 6-4 阿孙的六视图

（2）主要场景设定。场景是形象活动的场所，一个形象需要活动在很多场景空间中。首先为了形象的原画设计和绘制要设计出主要场景。场景设计师根据每个镜头剧情,设定出场景中的主要背景和每个镜头所需要的详细场景。如图6-5、图6-6。

图 6-5

图 6-6

人物、主要背景设定工作是同时进行的。这些工作准备好以后,就可以转向中期生产制作阶段的工作了。

二、中期的生产制作

1. 检查 TBS 应用程序

(1) 计算机必须有足够的内存(最好在 1GB 以上)以供 TBS 程序运行,同时检查是否正确安装了 Toon Boom Studio 应用程序。

(2) 运行程序之前,必须安装 QuickTime 播放软件,因为 TBS 应用程序需要 QuickTime 播放软件支持的一些插件,否则 TBS 无法运行。

(3) 点击 TBS 快捷键,程序开始运行。

(4) 开启 Drawing View(视窗)、Exposure Sheet(曝光/摄影表视窗)以备绘制

原画、动画和背景,准备进入绘制工作程序。

把所有的材料都备齐以后,就可以转向原画和动画的制作工作了。由于制作原画和动画的工作量非常大,工作环节也比较复杂,原画师将自始至终依赖导演分镜头台本和标准的形象设计模板工作,直到原画工作结束。

2. 动作及镜头时间测算

原画师犹如演员一样根据导演的意图以及自己对角色的理解,开始设计、绘制原画的动态和表情,并对每一个原画进行编号。

由于动画片镜头较多,以其中的Sc20场景故事为例进行实例制作。

原画师根据导演分镜头台本提供的镜头动作,使用秒表测算出完成动作这个需要多长时间,并根据设定的帧频率,计算出所需的画面张数,再标明这一完成动作共需几张原画、几张动画。下面就采用24帧/秒的帧频率作为这个镜头片断的制作帧频率,为了提高制作速度,采用一拍二的方式制作,也就是一幅画面拍2帧,每秒只需画12幅画面即可。

Sc20镜头时间测试如下:

Sc20根据经验和秒表实测,阿孙动作自始至终共花了2秒时间,阿嫌动作自始至终共花了2秒时间,根据每秒24帧的帧频率计算这一动作共需48帧。但又由于每个动作的节奏是不同的,根据阿孙、阿嫌每个停顿的时间不同,所以整个动作大约10帧画面就可以非常流畅地表达出需要的效果。至于原画多少张,则是根据关键的动作由原画师来决定的,剩下的就是设计动画的张数了。

根据这几个镜头的动作测试方法,测算出所有镜头的动作时间和镜头时间。

3. 填写摄影表

整套动作的时间,是由原画师根据动作的要求和自己的表演经验使用秒表测算得出,并在导演分镜头台本中标明动作的时间和原画所需要的张数(原画号码外加一个圆圈,以示与动画的区别)。当原画师确定形象的运动时间后,还需要同导演根据动作的节奏韵律来填写摄影表(短片可以全由一个人完成),如图6-7。

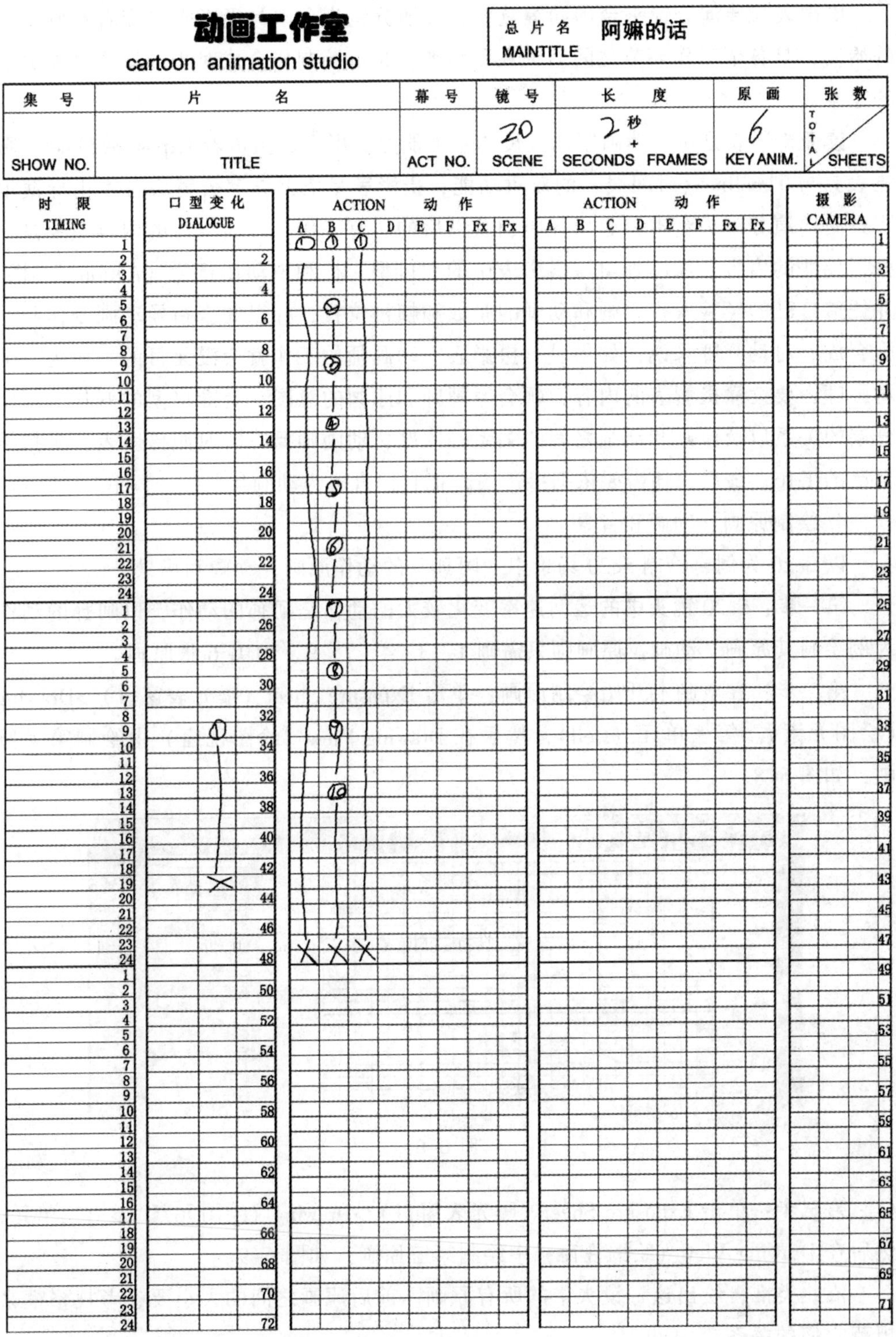
动画工作室
cartoon animation studio
总片名 阿嬷的话
MAINTITLE
集号 SHOW NO.
片名 TITLE
幕号 ACT NO.
镜号 20 SCENE
长度 2秒 + SECONDS FRAMES
原画 6 KEY ANIM.
张数 TOTAL SHEETS
时限 TIMING
口型变化 DIALOGUE
ACTION 动作
A B C D E F Fx Fx
摄影 CAMERA

图 6–7

摄影表与导演分镜头台本同等重要，导演分镜头台本与摄影表贯穿着动画制作的始终，是各个工作环节之间的关系联络图，是电脑制作合成时指导操作画面关系的蓝本。

读懂摄影表是每个动画制作人员的基本能力。摄影表担负着 Exposure Sheet（曝光表）与 Timeline（时间线）的双重功能，摄影表是依据导演分镜头台本由导演填写，同导演分镜头台本一起指导原画及以后的所有工作。导演填写的内容主要是一些指导性的内容。原画师填写摄影表中的"口型"栏和"动作行为（Action）"栏，并凭借自己的经验安排原画和动画的张数和帧格位置，并以此来指导动画制作和动画合成。对动画师来说，如果没有摄影表，动画师的工作就会漫无目的。作为一个动画师，要读懂摄影表的内容，领会原画师和原画的意图，看准口型的变化、画面分层的关系以及原画和动画之间的关系等问题，动画师要时时对照摄影表，来指导自己的工作。最后，还需要依据摄影表，把它们合成为动画片。

4. 绘制原画、动画和背景

以 Sc20 为例，绘制 Sc20 场景中"阿孙"的动作原画、动画和场景。

第一步：Sc20 镜头中的运动速率变化较大的动作是阿孙的动作，以阿孙的动作为例绘制其原画、动画。原画师只需画 1、3、4、7、9、10 共 6 张原画。

第二步：在电脑上开始绘制原画：单击 Exposure Sheet（曝光表窗口）>Drawing（绘图元素）>第一单元（Cell），然后在 Drawing View（绘图视窗）中绘制第一原画，如图 6-8。

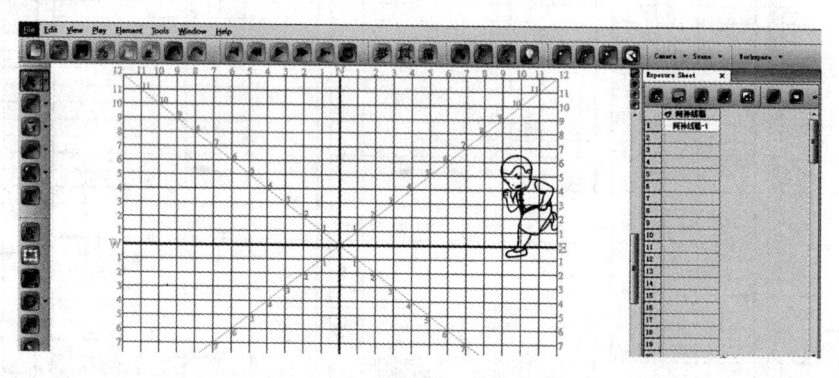

图 6-8

第三步：单击 Exposure Sheet（曝光表窗口）>Drawing（绘图元素）>第三单元，然后在 Drawing View（绘图视窗）中绘制第三原画，如图 6-9。

依此类推，绘出这一镜头中的所有原画。前后原画之间的大小要参考规格框来规范它们的关系。

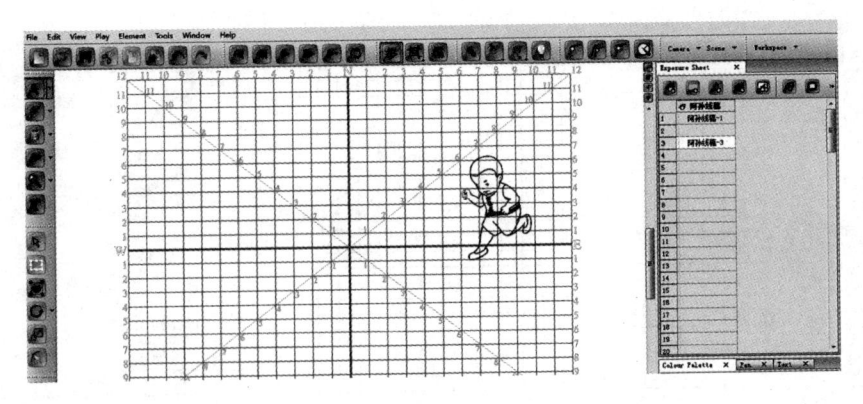

图 6-9

说明：如果"阿孙"有对白（特别是近镜头或头部特写时），在该形象的原画中就要绘制好形象的对白口型。测算口型的方法有两种，第一种为前期录音，这种口型可由系统自行测算而出；另一种为后期录音，这种口型需要原画师根据经验绘制，有时很难达到口型音画同步效果。

第四步：打开 Turn Onion Skin Off（洋葱皮显示），再单击 Previous Drawings 的上或下一图形显示，画板中会显示出淡红色和淡绿色的上下图形，此步骤是为了绘制动画（中间画）而做的准备，如图 6-10。

图 6-10

第五步：根据图 6-6 标明的中间画，动画师需画的动画为 2、5、6、8 共 4 张动画。单击 Exposure Sheet（曝光表窗口）>Drawing（绘图元素）>第二单元，然后在 Drawing View（绘图视窗）中透过淡红色和淡绿色的上下图形绘制第一动画。依此类推，在第五单元、第六单元等单元中绘制其他动画，如图 6-11。

第六步：以此类推，绘制所有原画之间的中间画。

绘制阿嬷的原画和动画与阿孙绘制的方法相同，任何形象的原画和中间画，都是使用这种方法。掌握了这一个镜头的制作方法，以此类推，其他镜头便可诞生。

157

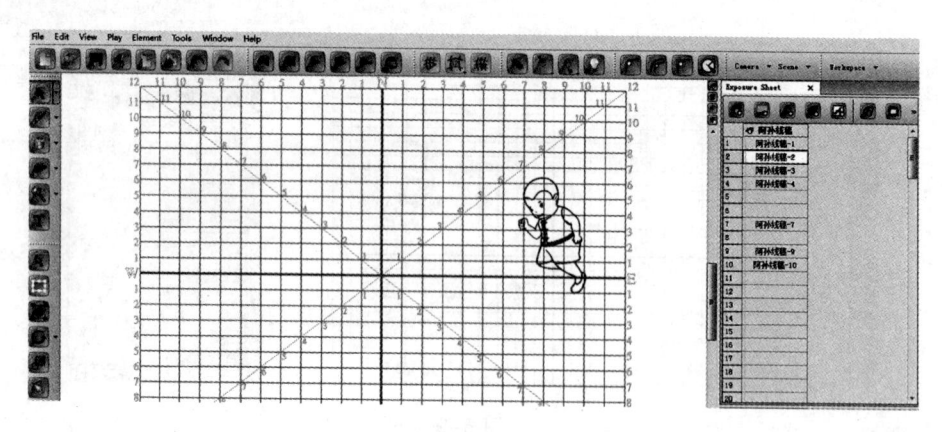

图 6-11

5. 动检

动检是动画制作的必要环节，是使用 Toon Boom Studio 播放器检查检验动画线稿的动作流畅程度。当所有原画和动画都完成以后，在功能命令条中点击图标 ◎，然后再点击 ◉，动作线稿就会重复循环播放，以此来检查此动作是否流畅，是否符合动作要求等。如果有问题，是在哪幅画面中出的问题，找出来以供修改。

动检的方法：

（1）依据摄影表检查原画、动画在律表中的帧格位置是否正确。

（2）点击播放和循环命令，如图 6-12。

图 6-12

（3）也可直接按 Enter 键，或点击 Play 菜单>Quick Preview（快速预放），弹出预览视窗并再点击 ，检验动作。查看动态结构是否符合要求，要注意以下几点：

① 动作是否流畅；

② 时间是否正确，节奏是否合理；

③ 线条是否准确，连接是否严密，有无漏线或线稿有无封闭现象；

④ 原画、动画张数是否齐全，有无需要添加的动画；

⑤ 要及时修改发现的问题。

动检合格后，就可转向为线稿上色的工作了。

6. 色指定与上色

色指定就是设计色彩和建立调色盘。色彩是在人物、背景设定时就完成的工作，由色彩设计师根据剧情设计符合剧情风格的一整套色彩。色彩设计师需要在调色盘中建立颜色，并为调色盘命名，以方便上色时填色使用。

上色工作是一个非常机械而又复杂的工作，对每一个地方的颜色都必须准确填充，不可失误。上色师也必须严格按照设计师的要求去填充颜色，不需要任何创造和修改，只需要依据设计好的色彩效果上色就可以了。

TBS 的上色方法和步骤：

（1）根据角色设计中阿孙的色指定确定其每一部分颜色的 RGB 值，例如阿孙头发的 RGB 值是 101、110、112；皮肤的 RGB 值是 232、194、166；上衣的 RGB 值是 255、255、255；上衣花纹的 RGB 值是 174、199、219；鞋子的 RGB 值是 76、78、79 等。

（2）单击 Exposure Sheet（曝光表）窗口>Drawing（绘图元素），阿孙线稿改为阿孙上色，然后打开颜色面板，依次设置各部分 RGB 值，例如设置头发 RGB 值为 101、110、112，如图 6-13。

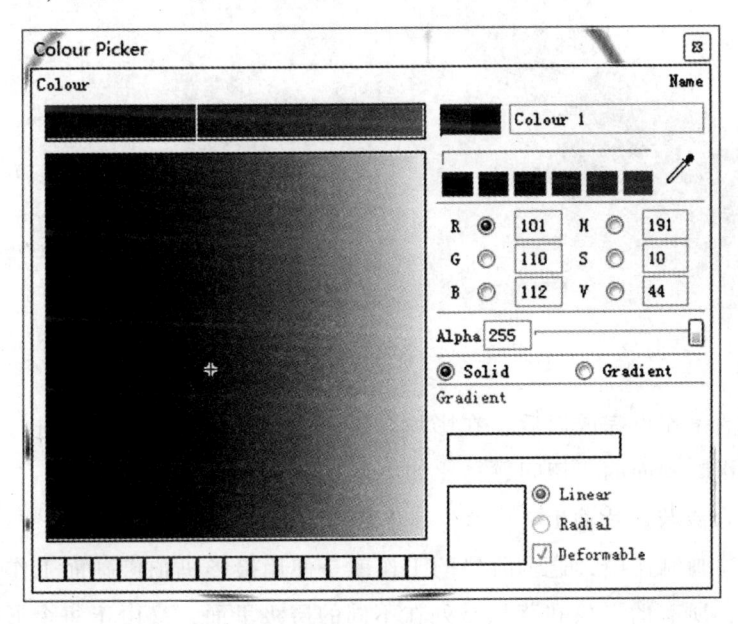

图 6-13

（3）在 Drawing View（绘图视窗）中，根据设置好的 RGB 值依次填充各个部分，如图 6-14。

（4）依次类推给其他线稿上色。

（5）给阿嬷的原画和动画上色与阿孙上色的方法相同，任何形象的上色，都是使用这种方法。掌握了这一个镜头的上色方法，以此类推，其他镜头便可诞生。上好色彩的效果，如图 6-15。

图 6-14

图 6-15

当上色的工作也完成以后,在影片合成前还要对原动画、背景进行一次整体的检查,查找影响画面的一切问题,比如小色点、小线头等。

7. 镜头合成与影片输出

在传统动画制作中,这个阶段的工作就是使用摄影机拍摄画面工作,根据动画的制作原理,所有的形象和背景是处在不同的层级里面,又由于每个形象的原画和动画是分开绘制的,所以现在的工作就是要把它们合成为一部完整的影视画面。

(1) 设置影片镜头尺寸和帧频率。所谓帧频率就是影片每秒的合成帧数,通常为 24 帧/秒、18 帧/秒、12 帧/秒等,这也是计算原画和动画张数所必需的。由于播放系统所采用的播放率为 24 帧/秒,当选用制作的帧频率为 18 帧/秒或 12 帧/秒时,画面的运动速度会有所变化,不过这样可以节约成本、提高效率。制作者可根据自己的需要来设定帧频率。其实,每部片子的制作帧频和镜头尺寸都是由导演事先设定的。

点击 File>New (新建文件),弹出窗口,如图 6-16。

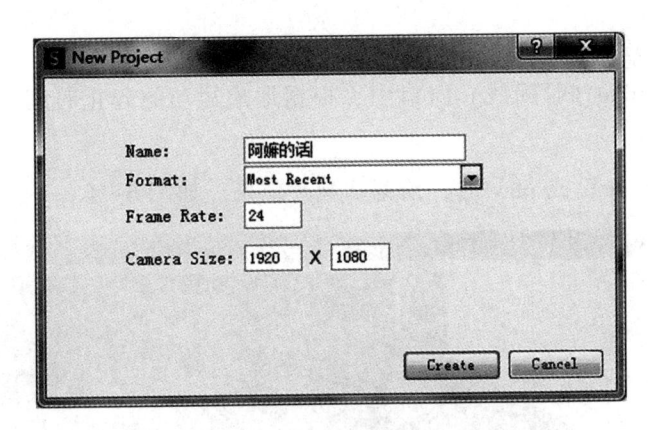

图 6-16

在对话框中输入帧频和镜头尺寸。最后输出的动画片帧频就是 24 帧/秒，画面大小尺寸就是 1920×1080。

也可点击 File>Animation Properties（动画参数），在这个对话框中修改帧频和镜头尺寸。

（2）根据已填写的摄影表，把所有的元素在 Exposure Sheet（曝光表）中进行合成，需要注意每个层级的前后关系。最左边的元素为最前层，元素越向右，越靠近背景方向，最右边的元素层为背景层，如图 6-17。

图 6-17

关于元素的前后层关系，也可以在 Top View 窗口或 Side View 窗口中调整。

（3）在 Exposure Sheet（曝光表）或在 Timeline（时间线）窗口中，根据摄影表调整每个形象的原画和动画所需的帧数。

（4）在Timeline（时间线）窗口中，根据形象运动的起止时间建立动画元素的运动路径。

（5）点击Enter键或play键，预览动画片效果，如图6-18。

图 6-18

（6）输出动画片：点击File文件>Export Movie命令，弹出如图6-19视窗面板，可导出QuickTime、Flash Movie、AVI、DV流以及图像序列等格式文件。

图 6-19

可在 Options 子窗口中设置新的参数。

后期合成是整个动画片的最后整合阶段，由于动画制作是以镜头为单位制作的作品，还不能称得上影视作品，必须再做最后的合成。后期合成包括使用蒙太奇手法对影片的剪辑组合以及音乐音效的合成等。又由于影片的重新剪辑将使用其他应用软件来制作完成，制作的只是一个镜头，并没有涉及到影片的重新剪辑和声音的合成等问题，由此完成了动画的生产工作。

关于音效和对白请参阅其他专业音效教材。

对于动画片的后期合成工作，可以使用更为专业的编辑合成软件，如：After Effects、Shake、Premiere Pro 等，在这里就不再多述了。

8. 后期合成与影片发布

最后可以使用视频后期合成软件，比如：After Effects、Shake 等软件，把 Toon Boom Studio 导出的镜头合成影片，上线发布。

按需求导出适合的视频格式。FLV 是网络传播最常用的视频格式，它形成的文件极小、加载速度极快，使得网络观看视频文件成为可能，但是不适合大银幕的播放。如果动画作品有打算参加国际动画节，需要准备 DCP 格式的作品拷贝（24fps，或者 25fps，不加密），或者 Quicktime 文件（H264 或 Pro Res 422 HQ）等，都是比较常用的格式。为保证高清画质，一般分辨率会设为 1920×1080，即 16:9 的画面高宽比，这是近几年比较常用的设置。如果在传统 4:3 的屏幕上播放，分辨率需要配合设置为 720×576。国际竞赛会要求配有英文字幕。

项目拓展

项目名称：动画短片制作

项目要求：

1. 组成 3~5 人工作团队。

2. 以关爱弱势群体为主题，自行创意一部动画短片。

3. 生产适合在网络上传播的动画短片，时长为 3-5 分钟。

温馨提示：短片的创意构思可采用线上资料搜索结合线下实地调研的方法。团队前期分工、项目周期、任务的分配与考核方式、财务预算等细节都应落实到位。动画制作过程中注重团队合作与沟通，发挥每位组员的专业优势，同时积极寻求专业人士的指导意见，稳中求进，保质保量完成项目。

后 记

沁透着青岛市动漫创意产业协会心血的数字媒体职业教育系列教材，经过艰辛的编撰工作后，终于要付梓出版了，不论对一个行业协会，还是职业院校培养人才来说，应该都是一件很大的喜事！好事！因为这套图书，不仅影响着职业院校学生的技术学成，而且也可以促进一个行业产业的健康发展。

在数字媒体人才，特别是影视及动漫人才极度缺乏的背景下，企业求贤若渴的眼神，职业院校发自肺腑的培养适合企业使用的应用型人才的精神，无不激励着众多专家去探求数字媒体应用型人才的培养方案。

这套图书成功出版，凝聚着文化企业和职业院校共同的心血，也凝聚着每一位编者的心血。两年多来几易其稿，大家为了图书的结构、编写的案例会争得面红耳赤，但最终保质保量地完成了案例式应用型教材的编写。

在即将付梓之际，有太多要感谢的人，首先离不开协会历届领导的支持，各参编院校领导的支持，各文化、传媒企业领导的支持，他们无私提供了商业案例，在此一并报以最诚挚的感谢！

感谢各位参编老师及其家人的大力支持与无私的奉献！

最后感谢为这套系列丛书付出劳动的所有人员，有了大家共同的努力，成就了数字媒体职业技能型人才的社会需求。

编 者
2017 年 5 月